FORSCHUNGSBERICHTE DES LANDES NORDRHEIN-WESTFALEN

Nr. 1504

Herausgegeben

im Auftrage des Ministerpräsidenten Dr. Franz Meyers

von Staatssekretär Professor Dr. h. c. Dr. E. h. Leo Brandt

DK 672.715.3
620.178.16

Direktor Dipl.-Ing. Hans Stüdemann
Dipl.-Ing. Rolf Both
Ingenieur Ernst Lauterjung

Forschungsinstitut für Schneidwaren, Solingen

Entwicklung eines Prüfgerätes zur Messung des Schneidverhaltens feiner Messerschneiden, unter besonderer Berücksichtigung der Rasierklingen

WESTDEUTSCHER VERLAG · KÖLN UND OPLADEN 1965

ISBN 978-3-663-06284-4 ISBN 978-3-663-07197-6 (eBook)
DOI 10.1007/978-3-663-07197-6

Verlags-Nr. 011504

Gesamtherstellung: Westdeutscher Verlag

Inhalt

I. Einleitung

Zur Beurteilung der Güteeigenschaften von Schneidwaren ist neben der Prüfung der Werkstoffeigenschaften, wie chemische Zusammensetzung, Härte, Gefügeausbildung und bei rostbeständigen Stählen auch Korrosionsbeständigkeit, vor allem die Prüfung der Schneidfähigkeit und Schneidhaltigkeit von großer Bedeutung.

Für die Bestimmung der Schneidfähigkeit und der Schneidhaltigkeit sind bisher eine ganze Reihe von Verfahren mit verschiedenen Meß- und Prüfeinrichtungen entwickelt worden. Hierzu gehören die Verfahren von HONDA und TAKAHASI [1], KNAPP [2], KOLBERG [3], HENDRICHS [4], STÜDEMANN und MÜCHLER [5] und KLEMM [6], die alle zur Prüfung von Messern in der Größe zwischen Taschenmesser und Brotmesser angewandt wurden. Hinzu kommt, daß allen diesen Verfahren, mit Ausnahme des Verfahrens nach KLEMM, der ziehende Schnitt zugrunde liegt.

Da aber bei den Feinstschneiden, wie Rasierklingen, Rasiermessern und teilweise auch bei chirurgischen Messern, der Schneidvorgang in erster Linie auf einem Druckschnitt beruht, sind die obigen Verfahren zur Prüfung des Schneidverhaltens von Feinstschneiden ungeeignet. Erstens erfolgt die Abstumpfung in einer vom üblichen Gebrauch abweichenden Form, und zweitens sind die Prüfeinrichtungen auf größere Kräfte und Meßwerte abgestimmt und darum für feinste Schneiden zu grob und zu ungenau.

Zur Beurteilung der genannten Feinstschneiden werden daher bislang im wesentlichen nur subjektive Prüfmethoden angewandt. Bei den Rasierklingen und Rasiermessern ist so als praktischer Versuch zur Beurteilung der Schneidfähigkeit das Zerschneiden menschlicher Haare üblich. Eine Rasierklingenschneide gilt dabei als wirklich scharf, wenn sie ein einseitig eingespanntes menschliches Haar glatt durchschneidet, ohne daß sich das Haar dabei umlegt. Von Einfluß ist dabei selbstverständlich der Abstand des Schneidenangriffes von der Einspannstelle des Haares. Dieser wird möglichst klein gehalten.

Die vorliegende Arbeit befaßt sich daher mit der Entwicklung einer Prüfmaschine zur Beurteilung und Messung der Schneidfähigkeit und Schneidhaltigkeit feiner Schneiden. Die Untersuchungen sollen dabei an Rasierklingen durchgeführt werden, da

1. auf Grund der einfachen geometrischen Form der Rasierklinge einfache Belastungsverhältnisse geschaffen werden können,
2. dieselben in genügender Anzahl mit annähernd gleicher Qualität zur Verfügung stehen.

II. Grundlegende Untersuchungen

Die hier niedergelegten Untersuchungen grundlegender Probleme wurden zum Teil schon vor den ersten Schneidprüfungen durchgeführt, zum Teil wurden die Probleme aber erst während der Schneidversuche erkannt und untersucht. Um zu einer einheitlichen Darstellung des umfangreichen Stoffes zu kommen, werden auch diese späteren Untersuchungen bereits hier dargestellt.

1. Betrachtungen über den Rasiervorgang

Um einige Anhaltspunkte für die Gestaltung der Prüfeinrichtung zu erhalten, mußte zunächst auf den normalen Rasiervorgang durch die Rasierklinge zurückgegriffen werden, da die Art der Prüfung weitgehend dem tatsächlichen Schneidvorgang nachgebildet werden sollte.

Es wurden daher die Eigenschaften von Bärten bei mehreren Versuchspersonen ermittelt. Dabei ergaben sich folgende durchschnittliche Daten: Das Barthaar hat etwa 0,1–0,2 mm Durchmesser, die Haardichte beträgt im allgemeinen 50–60 Haare pro cm^2 Gesichtshaut. Weiter ist der Rasierweg bei einer normalen Rasur im Durchschnitt etwa 170 cm. Dieser Weg erscheint zunächst recht hoch. Wenn man aber berücksichtigt, daß man über eine Anzahl von Hautstellen mehrmals fährt und dabei immer noch Barthaare durchschnitten werden, so ist dieser Weg von 170 cm durchaus verständlich.

Bei einer Haardichte von 50 bis 60 Haaren pro cm^2 werden von jeder Klingenstelle nur durchschnittlich 7–8 Haare je cm Rasierweg durchschnitten, so daß die gesamte Schnittmenge (7-8 Haare $\times$ 170) rund 1300 Barthaare beträgt. Der eigentliche Schneidweg, d. h. der Schneidweg nach Abzug der Haarzwischenräume, ist damit aus der Zahl der Barthaare multipliziert mit der durchschnittlichen Haarstärke zu ermitteln. Es ergibt sich $1300 \cdot 0{,}15 = 195$ mm, also rund 20 cm. Wenn man berücksichtigt, daß eine Rasierklinge zwei Schneiden hat und vorausgesetzt, daß beide bei der Rasur gleichmäßig zum Einsatz kommen, so beträgt der durchschnittliche Schneidweg bei einer Rasur 10 cm pro Rasierklingenstelle.

Die bei den Versuchsrasuren verwendeten Rasierklingen wurden durchschnittlich nur zweimal benutzt, da sie für weitere Rasuren von den einzelnen Versuchspersonen als zu stumpf empfunden wurden. Also betrug der Gesamtschneidweg je Klingenstelle bei den hier benutzten Klingen 20 cm.

Auf Grund der Voruntersuchung kann man, wenn auch nur sehr bedingt, 20 cm effektive Schneidweglänge als normalen Schneidweg bis zur Abstumpfung einer Rasierklinge aus Kohlenstoff-Stahl einsetzen.

Aufschlußreich ist auch eine mikroskopische Untersuchung der beim Rasieren abgetrennten Barthaare. Neben relativ gerade abgeschnittenen Haaren finden sich auch viele, die entweder schräg durchschnitten oder gar längs aufgespalten sind. Das besagt, daß sich viele Barthaare unter dem Schnittdruck umlegen und dann dadurch schräg abgeschnitten werden.

2. Untersuchung der Schneiden vor und nach der Rasur

Von einer Rasierklinge wird erwartet, daß ihre Schneide vor der Benutzung eine gerade Linie bildet. Dieser Idealfall wird jedoch, durch die Art der Herstellung bedingt, nur selten erreicht. Gute Rasierklingen kommen der anzustrebenden Gradlinigkeit der Schneide ziemlich nahe (Abb. 1), schlechte weichen jedoch hiervon zum Teil erheblich ab (Abb. 2). Solche Unebenheiten in der Schneide, wie sie die Abb. 2 zeigt, sind durch die Art und die Qualität der Verarbeitung, besonders der Nachpolitur, bedingt, wobei auch Unterschiede im Material, eine

Abb. 1 Schneide einer guten Rasierklinge, noch nicht benutzt
200:1

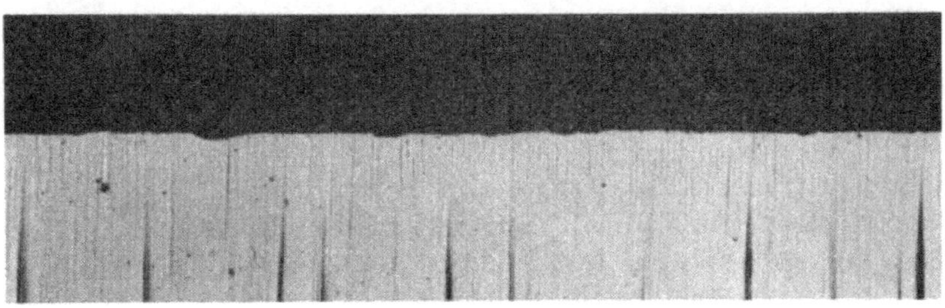

Abb. 2 Schneide einer schlechten Rasierklinge, noch nicht benutzt
200:1

evtl. auftretende Gratbildung und auch die Gefüge-Korngröße von Bedeutung sein können. Die Qualitätsbeurteilung der Schneide ist mit dem bloßen Auge praktisch unmöglich. Erst bei der Betrachtung von Schneiden mit dem Mikroskop bei einer Vergrößerung von 100fach und mehr treten die Unterschiede in der Schneidenausbildung deutlich hervor.

So läßt sich in den Abb. 1 und 2 bei einer 200fachen Vergrößerung ein Qualitätsunterschied entsprechend den oben angeführten Merkmalen gut erkennen. An der schlechteren Rasierklinge sind in Abb. 2 auch noch kleine Ausbrüche in der Schneide zu sehen. Diese Fehler sind schon bei der Herstellung entstanden. Ihre Größe liegt etwa zwischen 3–30 µm Breite und 1–10 µm Tiefe (1000 µm = 1 mm). Die Ursache der Entstehung dieser Ausbrüche soll später noch besprochen werden.

An den in Abb. 1 und 2 gezeigten unbenutzten Rasierklingen wurden später bis zum gefühlsmäßig beurteilten Zustand »stumpf« Rasierversuche durchgeführt. Mit der Klinge Abb. 1 konnten dabei fünf Rasuren und mit der Klinge Abb. 2 nur zwei Rasuren vorgenommen werden. Das Aussehen der Klingen nach der Rasur zeigen die Abb. 3 und 4. In Abb. 3 sind deutlich die Ausbrüche an der

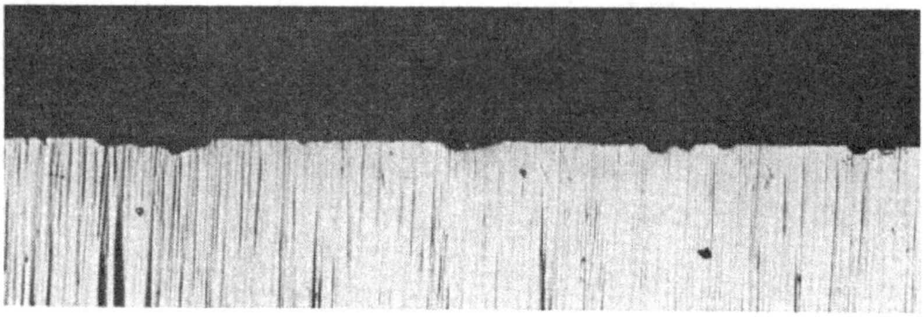

Abb. 3 Schneide einer guten Rasierklinge nach fünf Rasuren
(Klinge der Abb. 1)
200:1

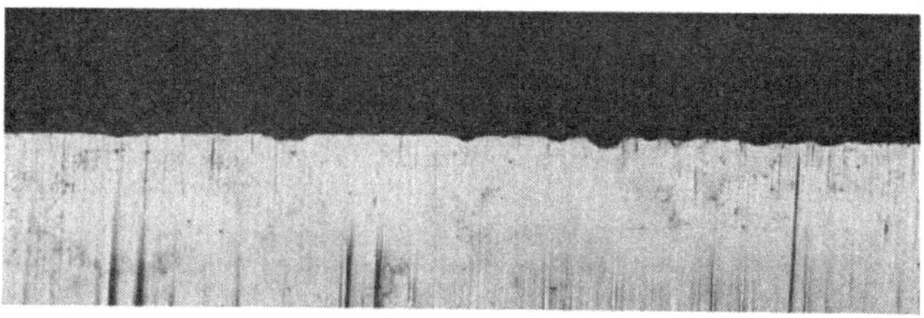

Abb. 4 Schneide einer schlechten Rasierklinge nach 2 Rasuren
(Klinge der Abb. 2)
200:1

fünfmal benutzten Klinge zu sehen, ebenso macht sich der allerdings sehr geringe Verschleiß bemerkbar. In Abb. 4 ist nach zwei Rasuren ein Verschleiß noch nicht eindeutig festzustellen. Die Ausbrüche, die für die gefühlsmäßig festgestellte Abstumpfung maßgebend sind, sind dagegen schon stärker als in Abb. 3. Die Abb. 5 und 6 zeigen einen Querschliff durch eine neue und eine bis zum »Stumpfwerden«

benutzte Klinge guter Qualität. Es zeigt sich, daß der Verschleiß, der beim Blick auf die Schneide (Abb. 1–4) in Abb. 3 schon recht gut zu erkennen ist, in seiner absoluten Größe doch sehr klein und darum im Querschliff noch nicht sichtbar ist. Die Ausbrüche konnte man im Querschliff jedoch durchaus sichtbar machen.
Als ein weiteres Ergebnis der Voruntersuchungen wäre damit festzustellen, daß das gefühlsmäßig festgestellte Stumpfwerden einer Rasierklinge nicht nur auf einen Verschleiß der Schneidkante, sondern vielmehr auch auf das Auftreten von Ausbrüchen an der Schneidkante zurückzuführen ist.

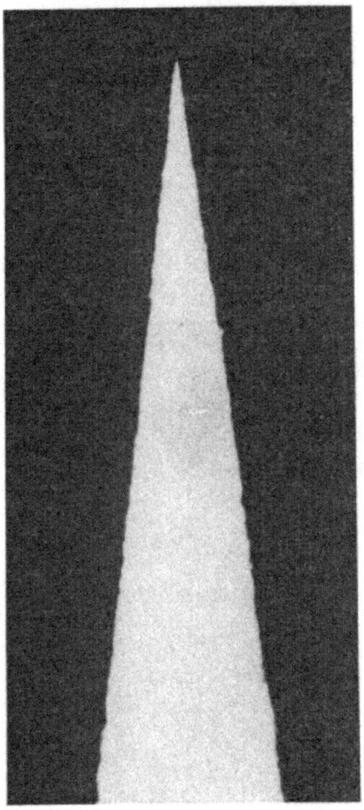

Abb. 5 Querschliff einer neuen guten Rasierklinge 500:1

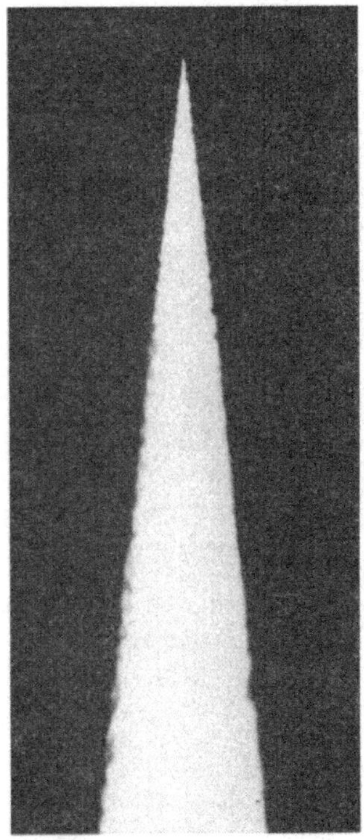

Abb. 6 Querschliff einer gebrauchten guten Rasierklinge nach fünf Rasuren 500:1

3. Belastungsverhältnisse an der Rasierklingenschneide

Da bei den Schneidversuchen an den Schneiden der Rasierklingen laufend Ausbrechungen festgestellt wurden, die teils nur mikroskopisch klein waren (Abb. 7), zum Teil jedoch fast schon mit dem bloßen Auge (Abb. 8) zu sehen waren, schien es ratsam, die Kräfte überschlägig zu berechnen, die für das Auftreten solcher Ausbrüche notwendig sind. Während in Abb. 7 der Ausbruch 4 μm tief ist, wurde er in Abb. 8 mit einer Breite von 200 µm vermessen. Man kann auf Grund der teilweise recht großen Ausbrechungen annehmen, daß die an der Klinge beim Schneidversuch auftretenden Kräfte recht hoch sind.

Abb. 7 Rasierklingenschneide mit kleineren Ausbrüchen
150:1

Abb. 8 Rasierklingenschneide mit größeren Ausbrüchen
150:1

In Abb. 9 finden sich die Abmessungen einer Rasierklinge mit einem Ausbruch durchschnittlicher Größe:

Klingenstärke	0,08 mm = 80 µm
Anschliffwinkel	13°
Polierwinkel	25°
Polierlänge	90 µm
ges. Anschliffbreite	450 µm

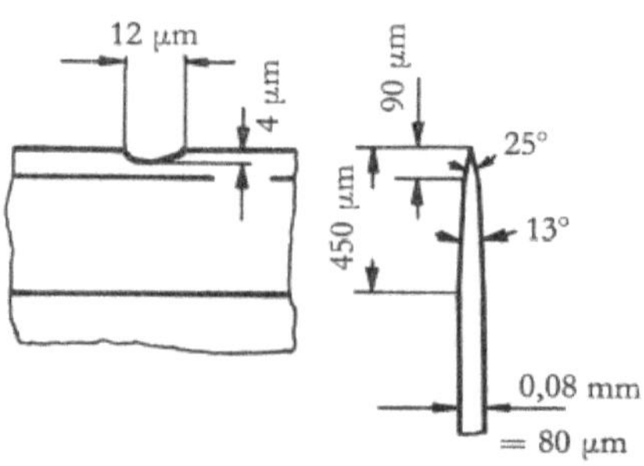

Abb. 9 Schematische Darstellung eines Ausbruches an der Rasierklingenschneide und der ausgemessenen Größenverhältnisse

Aus diesen Werten ergibt sich, von der Schneide aus gemessen, in einer Tiefe von 4 μm eine rechnerische Breite der Bruchstelle von 1,8 μm.
Die beim Versuch ermittelte Schnittkraft beträgt in etwa 40–50 p. Sofern die Schnittkraft genau in Richtung auf die Schneide wirkt und nicht unter einem Winkel zu ihr, kann sie keine Ausbrüche erzeugen. Erst wenn die Schnittkraft in einem mehr oder minder großen Winkel zur Schneide steht, kommt es zu Ausbrüchen. Daneben interessiert aber auch noch die reine Druckbeanspruchung oder Flächenpressung, die die Schnittkraft auf die Klinge ausübt. Die Rasierklingenschneide stellt keine Linie dar, sondern endet in einer mehr oder weniger breiten Fläche, die die Schnittkraft aufzunehmen hat. Die Abb. 10 zeigt eine Schneide in

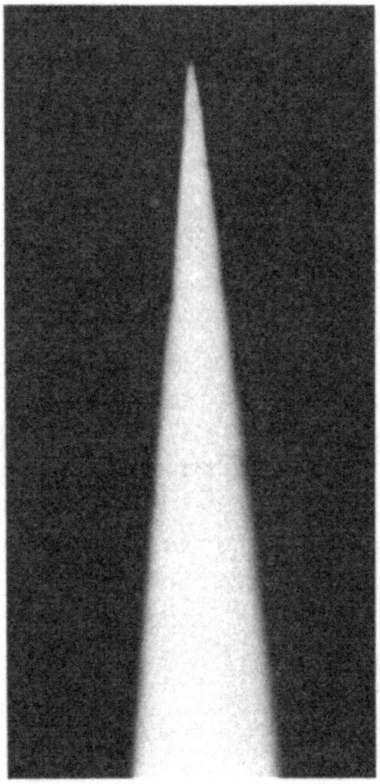

Abb. 10 Querschliff durch die Spitze einer Rasierklingenschneide zur Darstellung des Unterschiedes zwischen Anschliff- und Polierwinkel. 1600:1

sehr starker Vergrößerung. Die Breite der Schneidenspitze wurde hier mit 0,7 μm vermessen. Bei einer Schnittkraft von 40 p und einer Bandstärke von 0,10 mm ergibt sich damit unter Berücksichtigung der bei diesem Beispiel gefundenen Schneidenbreite folgende Flächenpressung:

$$\sigma_D = \frac{\text{Schnittkraft}}{\text{Schneidenbreite} \times \text{Bandstärke}} = \frac{40}{0{,}0007 \times 0{,}1} \, [\text{p/mm}^2]$$

$$\sigma_D = 570 \, [\text{kp/mm}^2]$$

Dieser Wert ist als sehr hoch anzusehen, jedoch muß berücksichtigt werden, daß hier die volle Bandkraft als Schnittkraft eingesetzt wurde, während ein Teil der Bandkraft zur Überwindung der Reibung an den Schneidenflanken benötigt wird. Da bei der Rasur Schnittrichtung und Schneidenrichtung keineswegs übereinstimmen, Abb. 11, muß bei den hohen Druckbeanspruchungen schon bei kleinen Seitenkräften mit Ausbrüchen gerechnet werden.

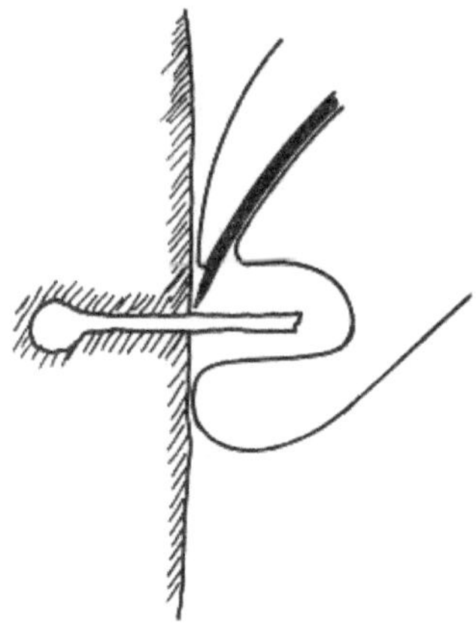

Abb. 11 Schematische Darstellung der Schneidenstellung zum Barthaar während der Rasur

4. Einfluß der Reibung bei Schneidprüfungen

Sofern man die Rasierklinge dadurch abstumpft, daß man kontinuierlich durch Kunststoff schneidet, ist ein Teil der gemessenen Schnittkraft auf die Reibung des Bandes an den Schneidenflächen zurückzuführen. Der durch die Reibung bedingte Schnittkraftanteil ist aber nicht konstant, sondern vom Werkstoff, vom Spreizwinkel des Bandes, vom Keilwinkel und der Rauhigkeit des Schliffes der Klinge abhängig. Der Spreizwinkel läßt sich dabei um so schlechter einstellen, je breiter das Band ist.

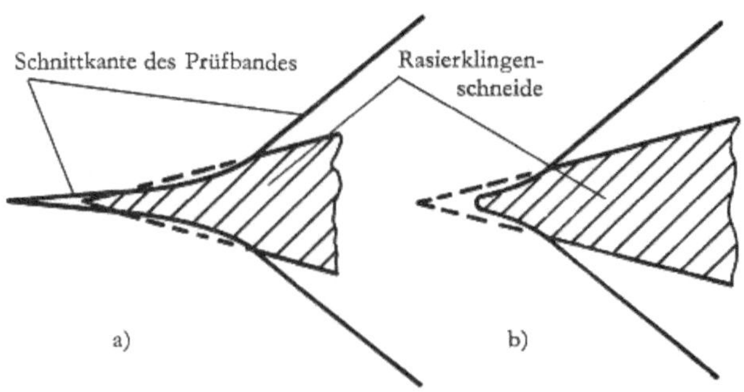

Abb. 12 Schematische Darstellung von Prüfbandtrennung und Rasierklingenverschleiß
a) bei vorgereckter,
b) bei ungereckter Polyamidfolie
– – – – Verschleißstelle

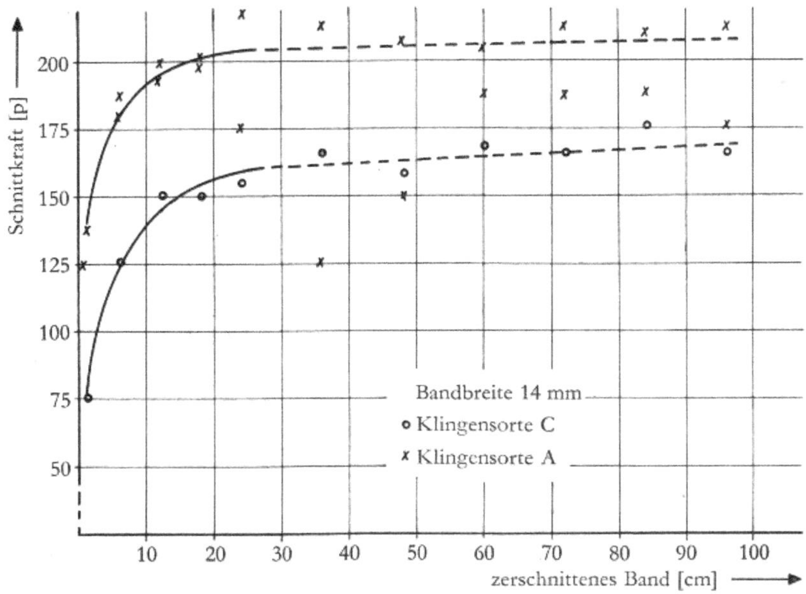

Abb. 13 Abstumpfungskurven für zwei Rasierklingen unter Verwendung eines Kunststoffbandes von 14 × 0,05 mm

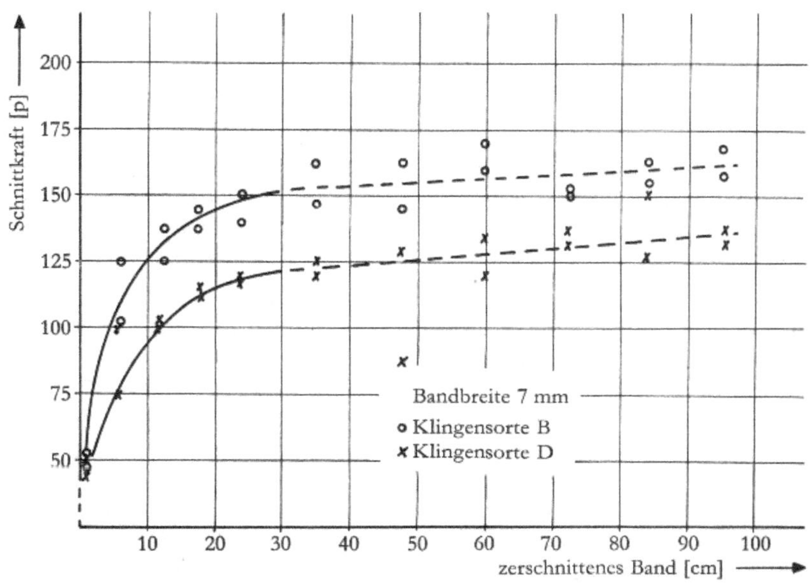

Abb. 14 Abstumpfungskurven für zwei Rasierklingen unter Verwendung eines Kunststoffbandes von 7 × 0,05 mm

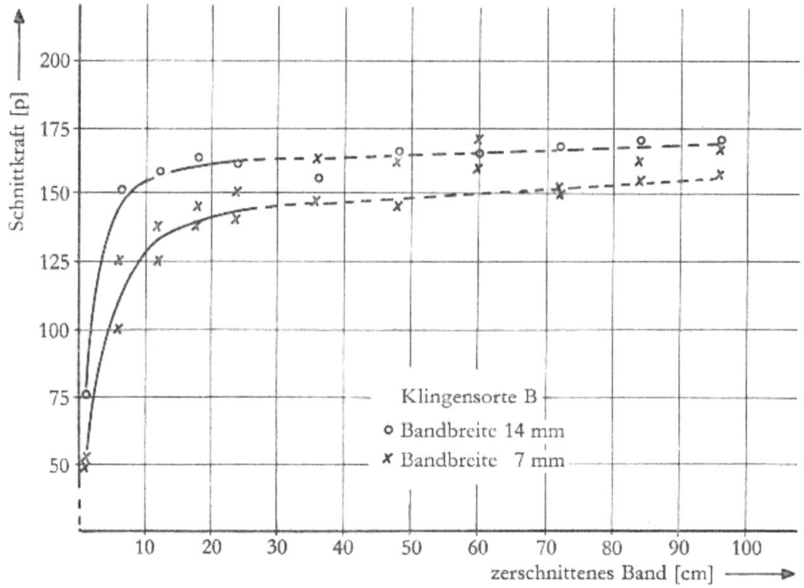

Abb. 15 Abstumpfungskurven einer Rasierklinge unter Verwendung unterschiedlich breiter Kunststoffbänder von 0,05 mm Stärke

In Abb. 13–15 werden Ergebnisse von Schneidprüfungen mit Rasierklingen nach Tab. 1 und Bändern unterschiedlicher Breite dargestellt.

Tab. 1

Klinge	Werkstoff	Dicke [mm]	Keil-winkel [°]	Härte [HRC]	Schneidfläche	Schneide
A	C-Stahl mit ca. 1,5% C	0,08	16	67	geschliffen, eben anpoliert	schartig u. wellig
B	C-Stahl mit ca. 1,5% C	0,06	13,5	67	geschliffen, poliert	glatt
C	C-Stahl mit ca. 1,5% C	0,10	11	67	geschliffen, poliert	leicht wellig
D	Cr-Stahl rostbeständig mit ca. 1,3% C u. 17% Cr	0,10	10,5	63–64	geschliffen, poliert	glatt

Während beim Rasieren durch die Verwendung von Wasser und Seife hauptsächlich die Festigkeit der Barthaare vermindert wird (s. Abschnitt III), kann man bei der Schneidprüfung durch Verwendung von Seifenlauge als Schmiermittel zeigen, daß ein Einfluß der Reibung auf die Schnittkraftmessung tatsächlich besteht, Abb. 16.

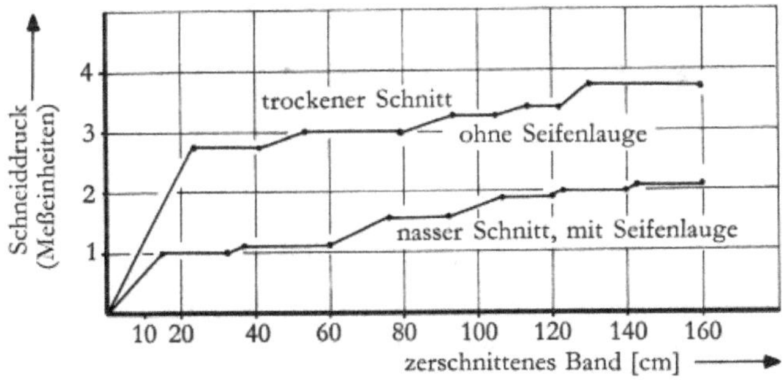

Abb. 16 Abstumpfungskurven von Rasierklingen gleicher Qualität, mit und ohne Schmierung des Schnittes

III. Auswahl eines geeigneten Prüfverfahrens und Prüfwerkstoffes

Aus den bisherigen Untersuchungen ergibt sich für die Wahl eines Prüfverfahrens folgendes:
Es handelt sich beim Rasieren um einen unterbrochenen Druckschnitt mit einer ganz bestimmten Beanspruchung während einer Rasur. Die Abnutzung der Klingenschneide setzt sich dabei aus einem relativ geringen Verschleiß und aus ziemlich groben Ausbrüchen zusammen.
Die praktische Durchführung eines unterbrochenen Schnittes stößt nun auf viele Schwierigkeiten, so daß man sich bei der Entwicklung des Prüfverfahrens auf Untersuchungen mit einem kontinuierlichen Druckschnitt konzentrierte. Die Abb. 17–20 zeigen einige Einzelheiten einer vorläufigen Prüfmaschine, mit der bei der Suche nach einem geeigneten Prüfwerkstoff die ersten Schneidversuche gemacht und wichtige Erkenntnisse gesammelt werden konnten.

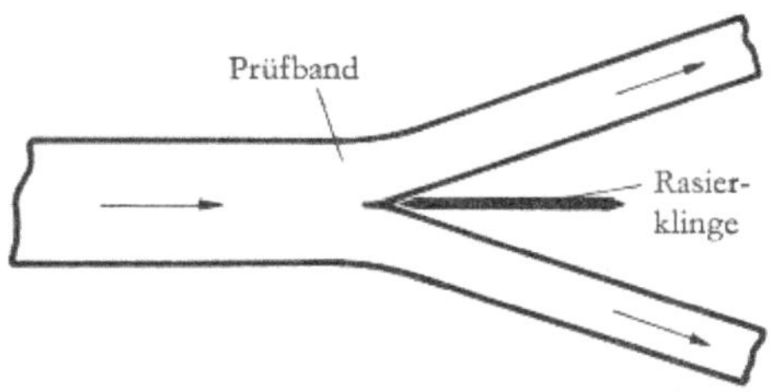

Abb. 17 Prinzip des Schneidens eines Prüfbandes

Bei der Versuchseinrichtung nach Abb. 18 wird das durch das Gewicht A vorgespannte Band gegen die im Klingenhalter G befestigte Klinge F gezogen, so daß das Band im Punkte H in zwei gleich breite Streifen zerschnitten wird. Die Streifen werden auf der Rolle E aufgespult. Durch ein Getriebe und einen Elektromotor erhält die Rolle E eine variable Drehzahl. C und D sind Bandführungen. Die Schnittkraft wird mit der Meßuhr K als Ausschlag des Klingenhalters, der von einer weichen Flachfeder L gehalten wird, bestimmt. Obwohl diese Versuchseinrichtung noch in einigen Punkten unbefriedigend war, konnten mit ihr doch Fragen über die Wahl geeigneter Prüfbänder geklärt werden. Als Ergebnis zeigte sich, daß folgende Anforderungen an den Prüfwerkstoff zu stellen sind:

a) Der Prüfwerkstoff muß bei homogener Struktur in gleichmäßiger Qualität vorliegen.

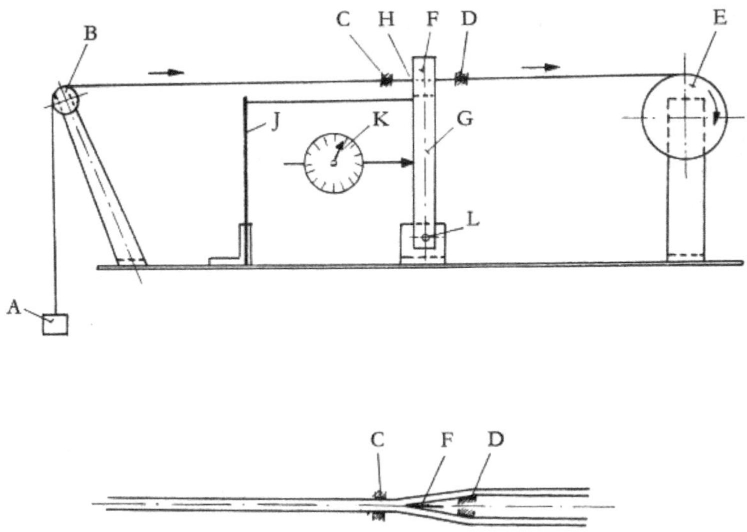

Abb. 18 Prinzipskizze der Versuchseinrichtung
zur Auswahl eines geeigneten Prüfwerkstoffes

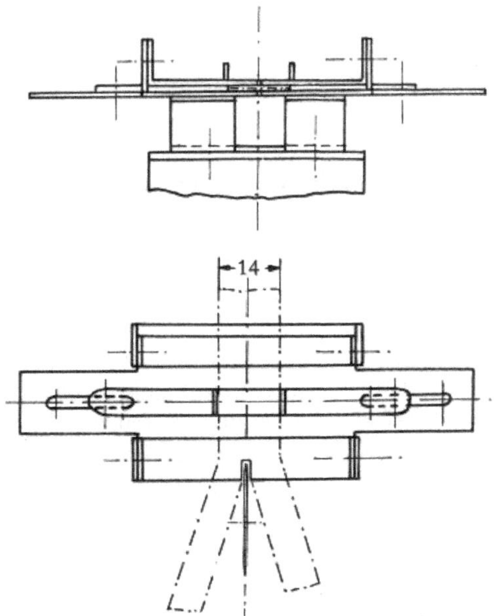

Abb. 19 Skizze der geänderten Bandführung
für die Versuchseinrichtung nach Abb. 19

b) Ein als brauchbar erkannter Prüfwerkstoff muß in der definierten Qualität in jeder Menge zu jeder Zeit zu beschaffen sein.
c) Die Festigkeit des Werkstoffes muß so groß sein, daß das Prüfband die Schnittkräfte ohne wesentliche, die Eigenschaften verändernde Verformungen aufnehmen kann.
d) Der Werkstoff darf keine Neigung zum Spalten zeigen. Die Trennstelle soll damit nicht infolge von Keilwirkung der Schneide vorauseilen.

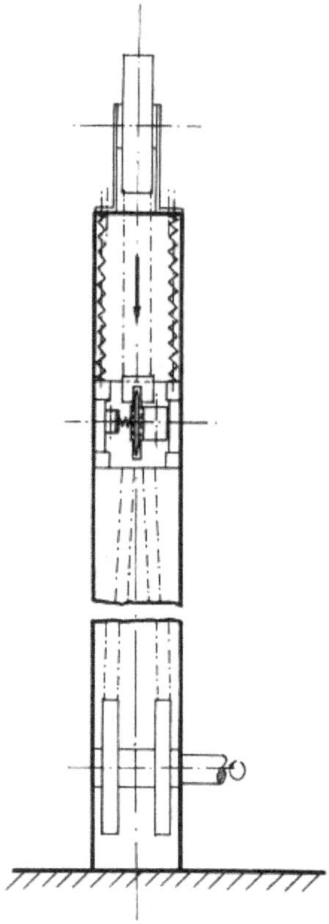

Abb. 20 Skizze des ersten Prüfapparates zur Bestimmung der Schneideigenschaften von Rasierklingen

Prüfbänder aus Papier erweisen sich als ungeeignet; einmal wegen der ungenügenden Festigkeit und dann wegen zu großer Inhomogenität der Papiermasse.
Die meisten untersuchten Kunststoffbänder neigten zum Spalten. Als geeignet erwiesen sich hauptsächlich Bänder aus ungereckter Polyamidfolie. Versuche zur Schneidprüfung mit unterbrochenem Schnitt wurden zunächst an gewebten Bändern vorgenommen. Diese nach dem Jaquard-Prinzip aus Perlondrähten (Abb. 21 und 22) hergestellten Bänder zeigen eine ungleichmäßige und zu geringe Fadenspannung infolge der geringen Reibung zwischen den Perlondrähten.
Es konnte an Hand von Versuchen die Abhängigkeit von Fadenspannung und Schnittkraft ermittelt werden, s. Abb. 23 und 24. Wegen dieser Abhängigkeit und verschiedener anderer Schwierigkeiten erscheint eine Prüfung mit einzelnen Fäden als aussichtslos.

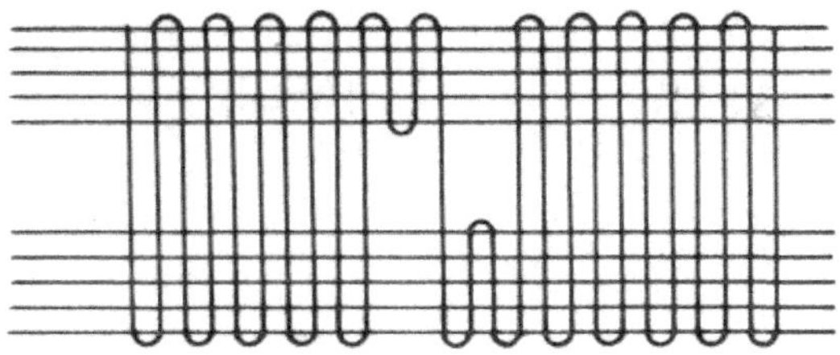

Abb. 21 Webschema eines Prüfbandes nach dem Jaquard-Prinzip

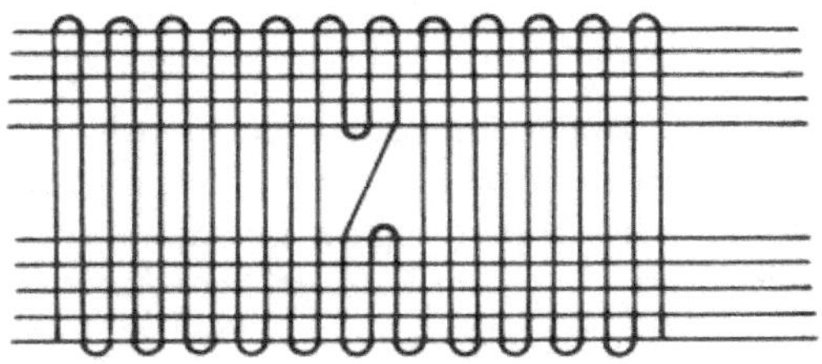

Abb. 22 Wirklicher schematischer Fadenverlauf des fertigen Prüfbandes nach dem Weben

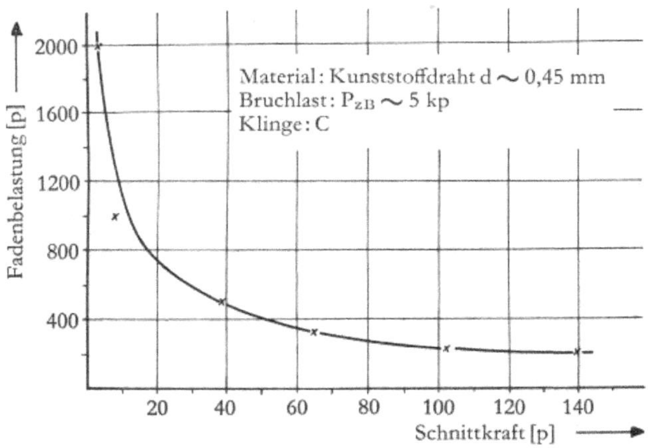

Abb. 23 Auftretende Schnittkräfte in Abhängigkeit von der Fadenspannung beim Zerschneiden eines Kunststoffdrahtes (Perlon) mit einer Rasierklinge

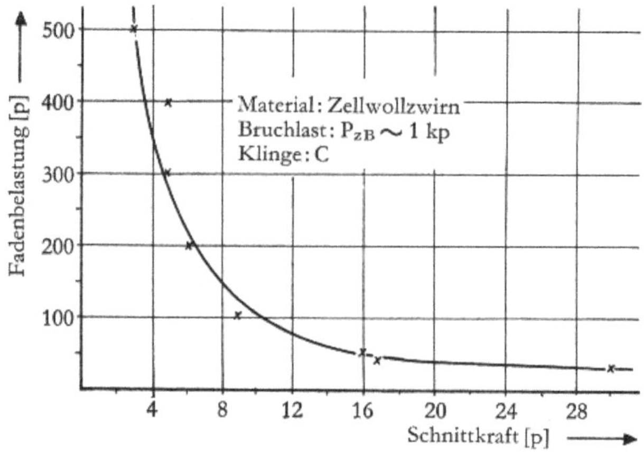

Abb. 24 Auftretende Schnittkräfte in Abhängigkeit von der Fadenspannung beim Zerschneiden eines gezwirnten Zellwollfadens mit einer Rasierklinge

Weiterhin wurde versucht, Bänder aus geeignetem Kunststoff zu lochen und mit diesen einen ununterbrochenen Schnitt zu verwirklichen (Abb. 25). Es ergab sich aber stets bei der Lochung eine Aufhärtung des Lochrandes durch die Verformung beim Schnitt. Dadurch traten in jedem Falle gröbere Ausbrüche auf.

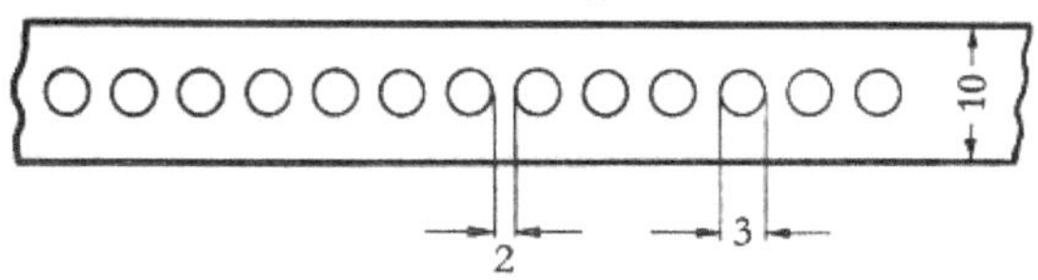

Abb. 25 Gelochtes Prüfband

Prüfungen mit kontinuierlichem Schnitt an Kunststoffbändern wurden zur Klärung der zu verwendenden Kunststoffqualitäten und der Banddicke mit folgenden Bändern vorgenommen.

Supranyl	0,10 mm stark
Suprathen	0,10 mm stark
Folie 56	0,10 mm stark
Polyamid B	0,10 mm stark
PVC weich mit 20% Härter	0,15 mm stark
Hostaphan P E	0,07 mm stark
Durethan BK 40 F	0,10 mm stark
Makrofol	0,07 mm stark
Triafol B W	0,04 mm stark
	0,025 mm stark
Makrofol K G	0,060 mm stark
	0,040 mm stark
	0,020 mm stark
	0,010 mm stark
	0,004 mm stark

Von den vorgenannten Prüfwerkstoffen erwiesen sich als besonders brauchbar Triafol BW und Makrofol KG, Triafol BW in der Dicke von 0,025 mm und Makrofol KG in der Dicke von 0,020 und 0,040 mm. Obwohl auch hier bei den Versuchen noch Ausbrüche an den Klingen auftraten, waren diese doch bedeutend geringer als bei den anderen untersuchten Werkstoffen.
Obgleich alle Kunststoffe mehr oder weniger dazu neigen, Feuchtigkeit aufzunehmen, konnte ein Einfluß unterschiedlichen Feuchtigkeitsgehaltes auf das Schneidverhalten in weiteren Versuchen nicht nachgewiesen werden.
Der sich zu Anfang der Untersuchung so nachteilig auswirkende Anschliff der Schneidenflächen durch das ablaufende Kunststoffband konnte durch konstruktive Maßnahmen zwar nicht ganz beseitigt, aber doch weitgehend verringert werden.
Bei den als brauchbar gefundenen Kunststoffen war es von Interesse, wie sich ihre Festigkeit im Vergleich zu den Barthaaren verhält. Die Zugfestigkeit von Triafol BW wird von dem Hersteller mit 5,5–6 kp/mm² angegeben [7]. In eigenen Versuchen, bei denen es nur auf den Vergleich und nicht so sehr auf den absoluten Wert ankam, wurde für Triafol BW unter den gewählten Versuchsbedingungen ein etwas geringerer Wert als der oben genannte festgestellt. Die Zugfestigkeit der Barthaare verschiedener Versuchspersonen wurde zu 20–40 kp/mm² ermittelt. Für Barthaare, die entsprechend den Vorbereitungen für eine Rasur eingeseift und eingeweicht waren, ergab sich dagegen nur noch eine Zugfestigkeit von 8–10 kp/mm². Sie liegt damit aber immer noch über der Zugfestigkeit von Triafol BW.

IV. Entwicklung und Gestaltung der Prüfmaschine

Nach den bisher mitgeteilten Erfahrungen kommt für eine Prüfmaschine nur ein kontinuierlicher Schnittvorgang in Frage. Die wichtigste Aufgabe ist dabei, die immer wieder auftretenden Ausbrüche an der Schneide zu vermeiden. Weiterhin muß sichergestellt werden, daß der Verschleiß an den Schneidenflächen nicht zu einem dauernden Anschärfen der Schneide führt.

Obwohl viele grundlegende Probleme schon vorher geklärt werden konnten, traten bei der Entwicklung der Prüfmaschine noch eine Reihe von nicht vorauszusehenden Schwierigkeiten auf. Wesentliche Teile der Prüfmaschine mußten wiederholt umkonstruiert werden, bevor die endgültige Form und eine einwandfreie Funktion gefunden werden konnte.

Besondere Aufmerksamkeit verlangte die Bandführung, vor allem für die schließlich als geeignet ermittelten Bänder mit sehr geringer Dicke. Nur durch eine einwandfreie Bandführung können übermäßige Ausbrüche an der Schneide verhindert werden. Welche Wege hier im einzelnen versucht wurden, soll nicht näher beschrieben werden, sondern lediglich an Hand von Abbildungen die verschiedenen Stadien der Entwicklung gezeigt werden.

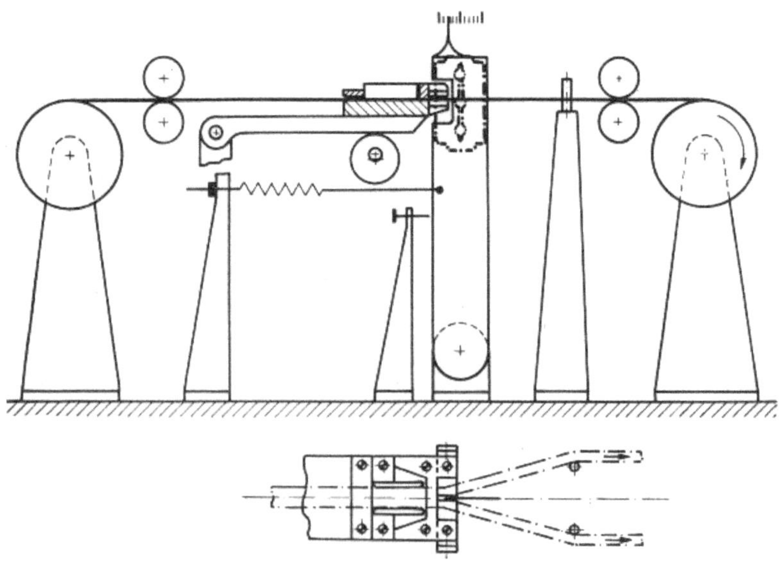

Abb. 26 Schematische Darstellung der Prüfmaschine mit vertikaler Bandbewegung durch Exzenter und Bandführung im Schneidbereich

Als brauchbar erwies sich schließlich eine Bandspreizung in einem Winkel, der dem Polierwinkel der Schneide entspricht, und eine Verlegung der Schneidstelle nach erfolgtem Anschnitt. Letzteres war notwendig, da sich gezeigt hatte, daß die auch bei einer guten Führung noch verbleibenden Ausbrüche jeweils beim Anschnitt auftraten. Wurde jedoch die Schneidstelle während des Schneidens verlegt, so ergaben sich an der neuen Schneidstelle keine Ausbrüche mehr.

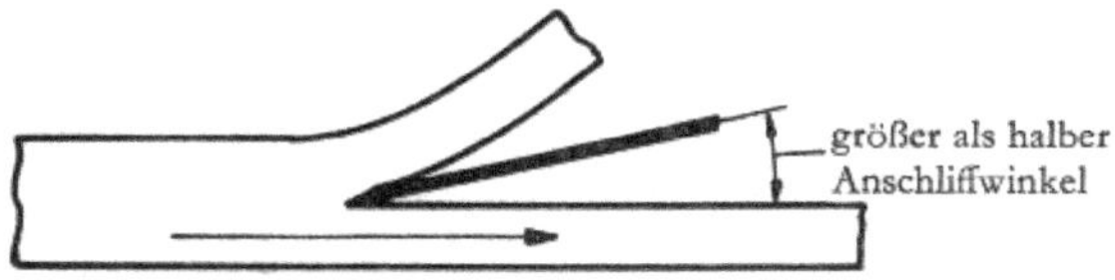

Abb. 27 Schematischer Bandverlauf beim Schneiden durch einseitigen Zug

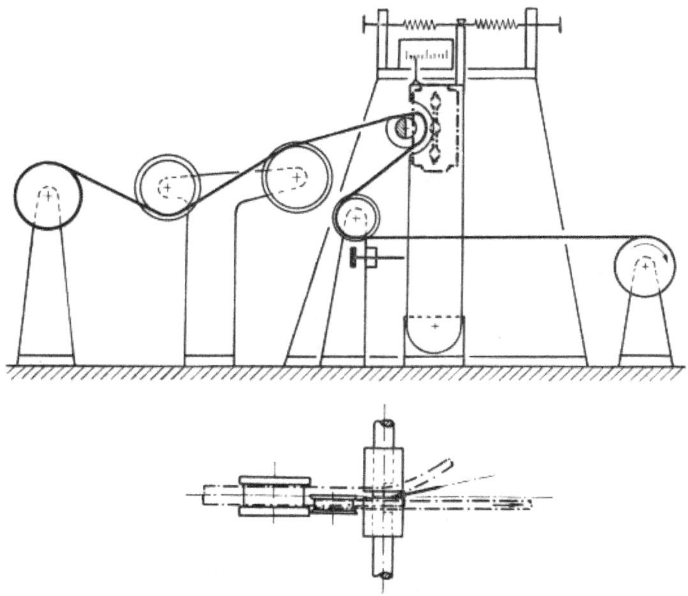

Abb. 28 Schematische Darstellung der Prüfmaschine mit einseitigem Zug am Prüfband

Die Einzelheiten der endgültigen Prüfmaschine sind in Abb. 29 schematisch wiedergegeben und werden nachstehend beschrieben.
Der Prüfwerkstoff A, 8 mm breites Band aus Kunststoffolie Makrofol KG bzw. Triafol BW, wird von der Vorratsrolle C abgespult und über die Führungen D und E so gegen die Rasierklinge gezogen, daß diese das Band in der Mitte durchtrennen muß. Die beiden ablaufenden Bandhälften B, die als Zugbänder dienen, müssen dabei vollkommen gleichmäßig gezogen werden, weil sich sonst störende Seitenkräfte ergeben. Die Bandführung D besteht aus polierten Druckplatten, die

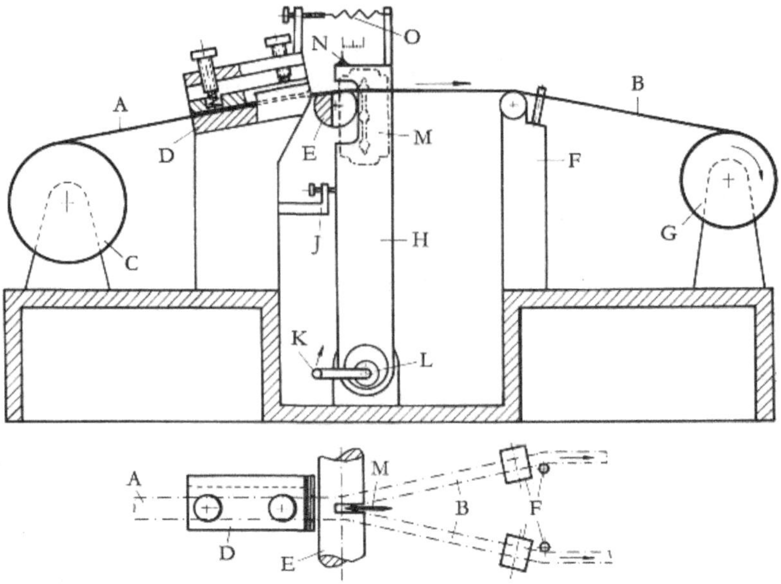

Abb. 29 Schematische Darstellung der Prüfmaschine
Endgültige Ausführung

unter Federbelastung stehend dem Band eine kleine Vorspannung geben und das Band auch seitlich führen. Das Zerschneiden des Bandes erfolgt in der Führung E. Um ein Anschleifen der Klinge durch das ablaufende Band zu vermeiden, muß dieses hinter der Schneide abgespreizt werden. Der günstigste Spreizwinkel ist 25°, entsprechend dem Polierwinkel der Schneide. Eingestellt und eingehalten wird der Spreizwinkel durch eine doppelte Rollenführung F. Der Zugrolle G wird durch einen Elektromotor und ein Getriebe eine veränderliche Drehzahl gegeben.

In die richtige Schneidstellung wird die Klinge durch den Klingenhalter H gebracht. Da man die Schnittkräfte messen muß, ist der Klingenhalter nicht starr, sondern mit einer Drehachse bei L versehen. Durch die Meßfeder O wird der Klingenhalter gegen den Anschlag J gezogen, der verhindern soll, daß die empfindliche Schneide der Rasierklinge in der Führung E anstößt und beschädigt wird. Ein am Klingenhalter angebrachter Zeiger N dient zum Ablesen der mit dem Verschleiß ansteigenden Auslenkung durch die Schnittkraft.

Eine Verschiebung der Schneidstelle nach erfolgtem Anschnitt, die nach den vorhergehenden Versuchen von Ausbrüchen notwendig ist, ist durch ein einfaches Umlegen des Hebels K möglich. Dadurch wird ein Exzenter gedreht und der Klingenhalter angehoben.

Auf Grund der Konstruktion beschreibt der Klingenhalter eine Kreisbahn. Wird das Prüfband in der Führung E gerade geführt, so ergibt sich bei jeder Auslenkung des Klingenhalters eine andere Schneidstelle, was sich bei den außerordentlich dünnen Folien sehr nachteilig für das Prüfergebnis auswirkt. Durch eine entsprechende Krümmung der Führung E erfolgt jedoch auch bei stärkerer Auslenkung des Klingenhalters der Schnitt jeweils an derselben Stelle der Rasierklingenschneide.

Um einen gleichmäßigen und stetigen Schnitt zu bekommen, muß man eine Feder mit einer steilen Kennlinie verwenden. Das heißt aber auch zugleich, daß die für die Bestimmung der Schnittkraft benötigte Auslenkung sehr klein wird. Ideal wäre hier eine Kraftmessung mit einer steifen Blattfeder und einem darauf aufgeklebten Dehnungsmeßstreifen, wie sie im nächsten Abschnitt beschrieben wird. Muß man jedoch die Schnittkraft mit einfachen Mitteln messen, so braucht man eine stärkere Auslenkung des Klingenhalters unter der Schnittkraft. Das heißt aber, daß bei absolut gesehen geringen Schnittkräften eine schwache Feder mit einer flachen Kennlinie verwendet werden muß. Dann führen aber schon geringe Unregelmäßigkeiten in der Festigkeit des Prüfbandes zu einem Flattern der Klinge. Die Klinge bleibt in diesem Falle im Werkstoff stehen und wird mit dem Prüfband soweit aus der üblichen Schneidstellung gezogen, bis die Kraft der dadurch gespannten Meßfeder groß genug ist, um die Klinge zum Schneiden zu bringen, wobei sie in ihre alte Stellung zurückschnellt.

Das Flattern kann mit Erfolg nur durch eine ausreichende Vorspannung der Meßfeder beseitigt werden. Da also eine Vorspannung der Meßfeder unumgänglich ist, läßt sich der Anfangsbereich des Schnittkraftverlaufes nicht erfassen, was bei der Verwendung von Dehnungsmeßstreifen selbstverständlich möglich wäre.

Das für die nachstehend beschriebenen Versuche benutzte Prüfband Makrofol KG ist 8 mm breit und 0,04 mm dick. Der hier verwendeten Feder mußte eine Vorspannung von 27 p gegeben werden. Der Schnittkraftanstieg über diesen Wert hinaus ist mit einer 0,5-p-Teilung abzulesen.

Mit der hier beschriebenen Prüfeinrichtung war es trotz gewisser Schwierigkeiten möglich, die bei der Rasur gefühlsmäßig festgestellten Unterschiede durch Meßergebnisse zu belegen und nachzuweisen.

V. Versuchsergebnisse

Nachdem, entsprechend den bisherigen Ausführungen, wesentliche Einflußgrößen erkannt und in ihrer Auswirkung abgeschätzt werden konnten, bestand die Möglichkeit, Klingen verschiedener Qualität zu untersuchen und nach der Schneidfähigkeit einzustufen. In der nachstehenden Tab. 2 sind Rasierklingen unterschiedlicher Fabrikate und Qualitäten aufgeführt.

Tab. 2

Klingensorte	Klingenstärke [mm]	Härte in Rockwell [HRC]	Schleifwinkel [°]	Polierwinkel [°]	Schneidverhalten während der Prüfung
A	0,06	65	15°	25°	schlecht, Ausbrüche
B	0,08	65	13°	27°	gut
C	0,10	62	15°	25°	schlecht, Ausbrüche
D	0,06	64–65	13/14°	30/32°	gut
E	0,10	65	16°	20/30°	gut
F	0,13	62	12°	18/20°	mittel bis schlecht, Ausbrüche
G	0,08	65	13°	30°	gut
H	0,10	65	10°	20/22°	mittel bis schlecht, Ausbrüche
J	0,08	64	12°	17°	schlecht, Ausbrüche
K	0,08	65	17°	27°	gut
L Rostbeständig	0,10	55	13°	25°	gut

Die Klingenstärke ist für das Ergebnis der Versuche ohne Bedeutung. Sie wird nur der Vollständigkeit halber mit aufgeführt. Von Einfluß sind dagegen die Rockwell-Härte sowie die Winkel, die durch das Schleifen (Schleifwinkel) und durch das Polieren (Polierwinkel) entstanden sind. Ein eindeutiger Zusammenhang der Härte mit den Ergebnissen aus der Schneidprüfung ist nicht zu erkennen. Der Grund hierfür kann dadurch gegeben sein, daß die Unterschiede in der Härte, abgesehen von der einen rostbeständigen Klinge, auch noch zu gering sind. Bei den Polierwinkeln zeichnet sich dagegen eine Zunahme der guten Klingen mit zunehmendem Polierwinkel ab. Die Wirkung eines größeren Polierwinkels muß man dabei in einem erhöhten Widerstand bei der Biegebeanspruchung an der äußersten Schneide sehen, der zur Verringerung der Ausbrüche führt.

Die Abb. 30–35 zeigen nun die Kurven der Schneidfähigkeit der Klingen B, A und C aus Tab. 2 – einmal im linearen und dann im einfachlogarithmischen Koordinatensystem. Die Zunahme der Schnittkraft ist dabei ein Maß für die von der Schneidleistung in einem Band abhängige Abnutzung der Schneidkante der Rasierklinge. Verschleiß- und Abnutzungsvorgänge ergeben bei der Darstellung im einfachlogarithmischen Koordinatensystem oft eine Gerade. Abweichungen von einer genauen Geraden lassen entweder auf ein anderes Verschleißgesetz oder auf Störeinflüsse schließen. Das letztere ist wohl in diesem Falle durch die Ausbrüche gegeben. Dabei ist zu beachten, daß Ausbrüche in sehr unterschiedlichen Größen anfallen und somit in ihren Auswirkungen recht verschieden sein können. In Abb. 30 und 31 ist das Schneidverhalten der Klinge B aus Tab. 2 wiedergegeben. Für keine der vier untersuchten Schneidstellen konnten mit den üblichen optischen Mitteln Ausbrüche festgestellt werden.
Wenn auch die Annäherung an eine Gerade für alle Schneidstellen in der einfachlogarithmischen Darstellung Abb. 31 allgemein recht gut ist, so muß doch auf die bestehenden Unterschiede hingewiesen werden. So könnten an der Schneidstelle 2 im Anfangsbereich kleinste Ausbrüche eingetreten sein, die dort zu Anfang zu dem ungleichmäßigen Linienzug führten, später nach dem Versuch aber nicht mehr nachgewiesen werden konnten. Dafür spricht auch das Aussehen der Kurven für die Klingen der Sorte A und C, bei denen Ausbrüche einwandfrei festgestellt wurden. Bei der Klinge A ist noch ein Anstieg der Schnittkraft festzustellen. Bei der Klinge C ist dagegen die Anfangsschnittkraft durch die Ausbrüche so hoch, daß es durch normalen Verschleiß wieder zu einem Abfall der Schnittkraft kommt, d. h., die Bruchstellen werden durch den Verschleiß wieder angeschärft.

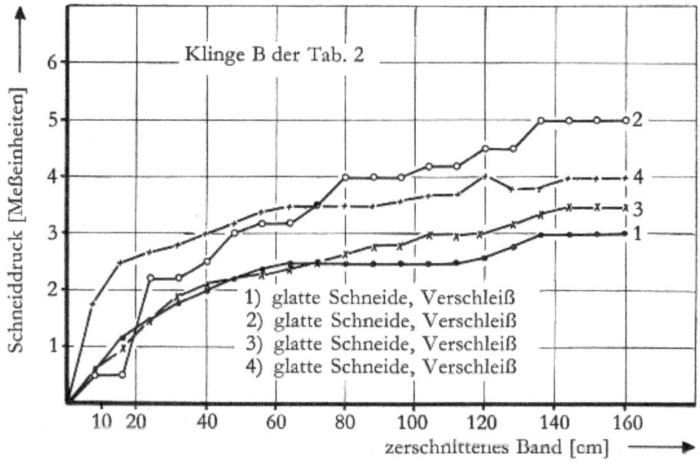

Abb. 30 Abstumpfungskurve einer Rasierklinge Sorte B der Tab. 2 auf der Prüfmaschine Abb. 29

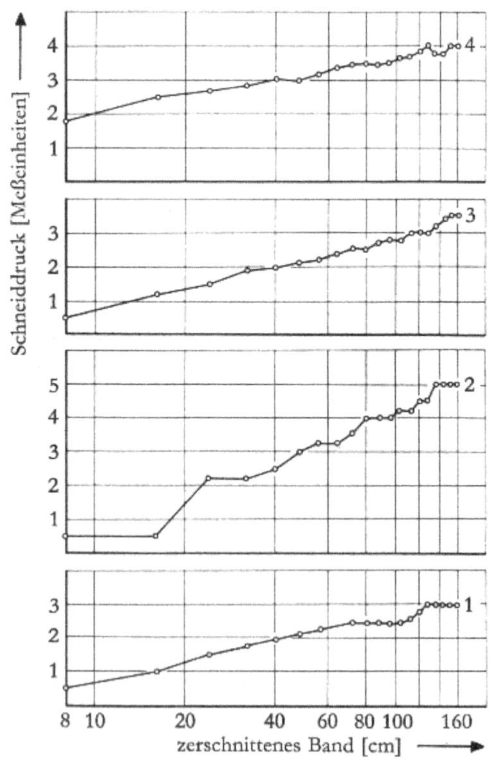

Abb. 31 Logarithmisch aufgetragene Werte der Kurven Abb. 30

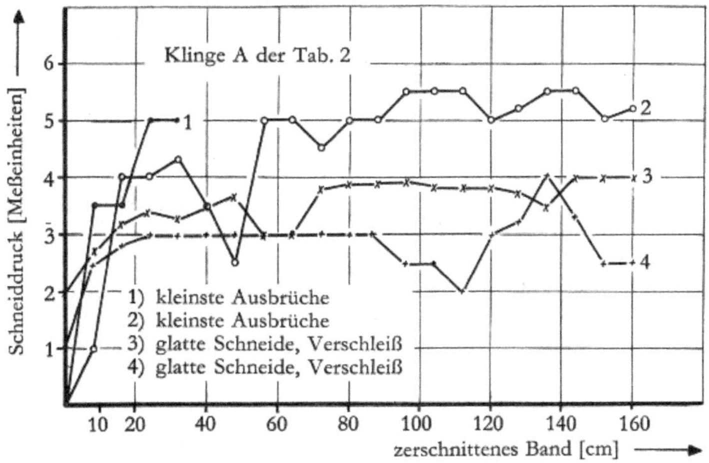

Abb. 32 Abstumpfungskurven einer Rasierklinge Sorte A der Tab. 2

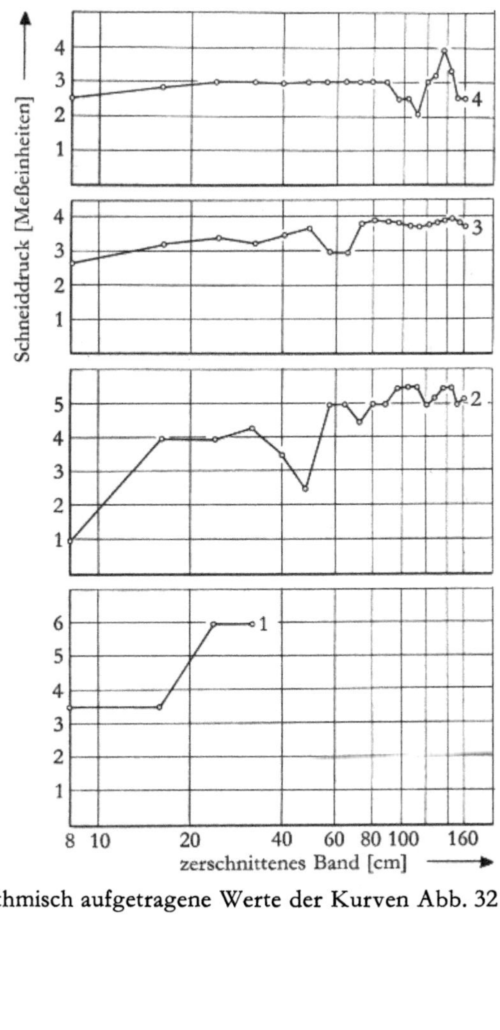

Abb. 33 Logarithmisch aufgetragene Werte der Kurven Abb. 32

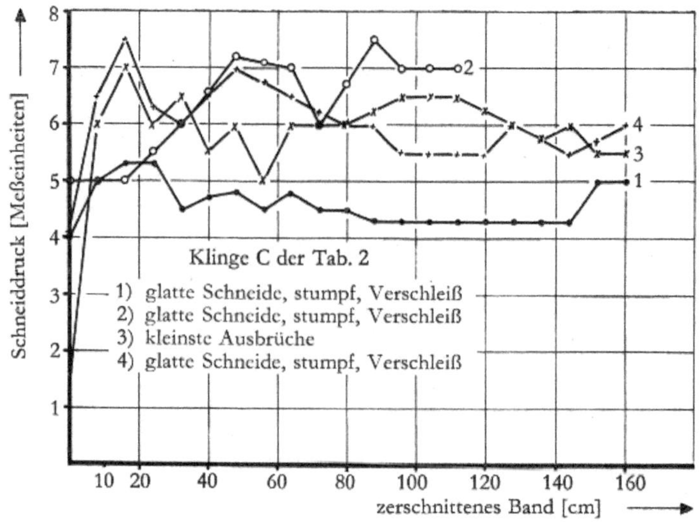

Abb. 34 Abstumpfungskurven einer Rasierklinge Sorte C der Tab. 2

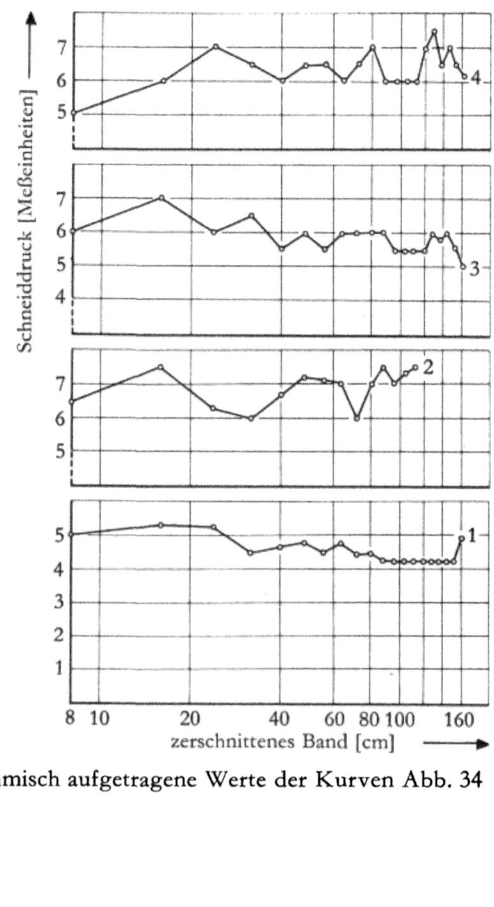

Abb. 35 Logarithmisch aufgetragene Werte der Kurven Abb. 34

Um auf jeden Fall einen zwangsläufigen Anschnitt und eine gleichmäßige Anzeige zu bekommen, war es notwendig, die Zugfedern am Klingenhalter mit einer gewissen Vorspannung einzubauen, die in diesem Falle 27 p betrug. Die Schnittkraft muß also erst auf diesen Wert ansteigen, ehe es zu einer Anzeige kommt. Allerdings ist der Wert für die Vorlast so gewählt, daß schon nach einigen Zentimetern Schnittweg eine Anzeige erreicht wird. Die Abb. 30 und Abb. 31 zeigen den Verlauf der Schneidprüfung für die Rasierklinge B aus Tab. 2, allerdings ohne den Anfangsbereich bis zu der Schnittkraft von 27 p. Bei der Abb. 36 ist nun

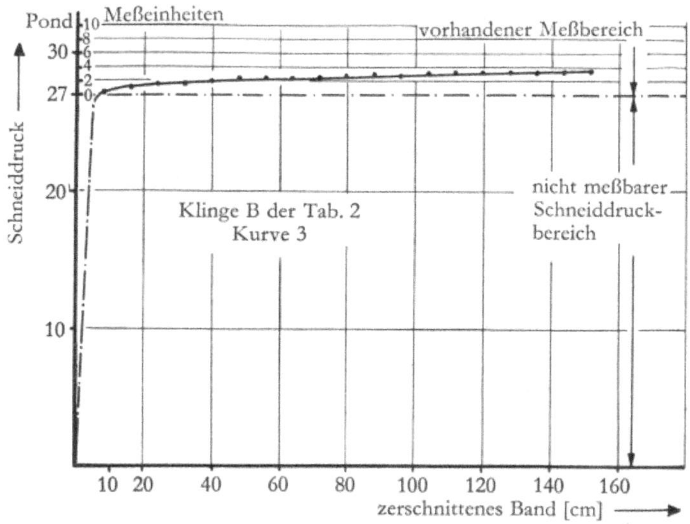

Abb. 36 Abstumpfungskurve 3 der Abb. 30, erweitert bis zum »Nullpunkt«

dieser Anfangsbereich ebenfalls gestrichelt eingezeichnet worden, damit man den gesamten Verlauf der Schnittkraft erhält. Der Verlauf ist bis zu 27 p geschätzt und nicht gemessen. Diesen Anfangsbereich nun tatsächlich zu messen bedeutet keine grundsätzliche Schwierigkeit, bedingt aber einen gewissen Aufwand. Die Messung müßte nämlich mit Dehnungsmeßstreifen und einer Meßbrücke vorgenommen werden. Dazu wird der Klingenhalter auf einer festeingespannten Flachfeder befestigt, so daß eine Federung nur in Richtung der Schnittkraft möglich ist. Mit dem auf die Flachfeder aufgeklebten Dehnungsmeßstreifen (Abb. 37) erhält man nach entsprechender Eichung die Schnittkraft vom Nullpunkt des Schnittweges. Da der Dehnungsmeßstreifen *nur* in einem ganz bestimmten Bereich sehr kleiner Dehnung einwandfrei arbeiten kann, ergibt sich für die nach dieser zulässigen Dehnung berechneten Feder eine sehr steile Kennlinie, d. h., die Feder ist sehr steif oder, anders ausgedrückt, der Federweg ist für die der Rechnung zugrunde gelegten Kräfte sehr gering. Es ist also nicht mehr notwendig eine besondere Vorlast anzuwenden, wie das bei den weichen Zugfedern der Fall war.
Interessant in diesem Zusammenhang ist auch das Schneidverhalten der Klinge aus rostbeständigem Stahl L aus Tab. 2, wie es in Abb. 38 aufgezeichnet ist. Hier

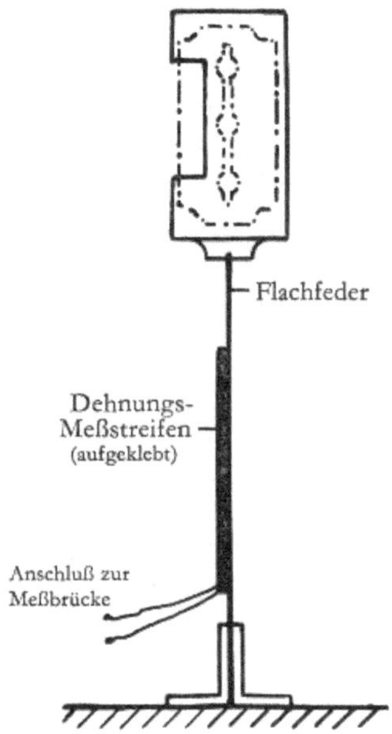

Abb. 37 Schematische Darstellung eines Klingenhalters zur Ermittlung kleinster Schneidkräfte unter Verwendung von Dehnungs-Meßstreifen

wird ein Ansteigen der Schnittkraft über die Vorlast von 27 p hinaus erst nach sehr großen Schneidleistungen festgestellt. Allerdings ist dann der Anstieg der Schnittkraft so groß, daß die Untersuchung zur Feststellung der Ursachen unterbrochen wurde. Dazu muß aber noch einmal erwähnt werden, daß die Schneidleistung bis zum sprunghaften Schnittkraftanstieg mit ca. 50, 280, 460 und 840 cm Schnittweg ein Vielfaches größer ist als bei den übrigen Klingen. Bei der mikroskopischen Untersuchung der Schneidstellen nach erfolgter Prüfung zeigten sich an der Prüfstelle

1. kleinste Ausbrüche an der Schneide,
2. größere Ausbrüche an der Schneide,
3. kleine Ausbrüche der Größe 4×4 µm,
4. kleinste Ausbrüche und Verschleiß.

In der Abb. 38 sieht man an der Meßstelle 4 deutlich, wie der Meßwert durch Ausbruch von 0 auf 2 springt und danach noch durch Verschleiß auf 2,2 ansteigt. Bei den Kurven 1–3 ist ein weiterer Verschleiß noch nicht aufgetreten, da der Versuch gleich nach dem Auftreten des plötzlichen Schnittkraftanstieges abgebrochen wurde, um die Ursache für diesen Anstieg festzustellen.

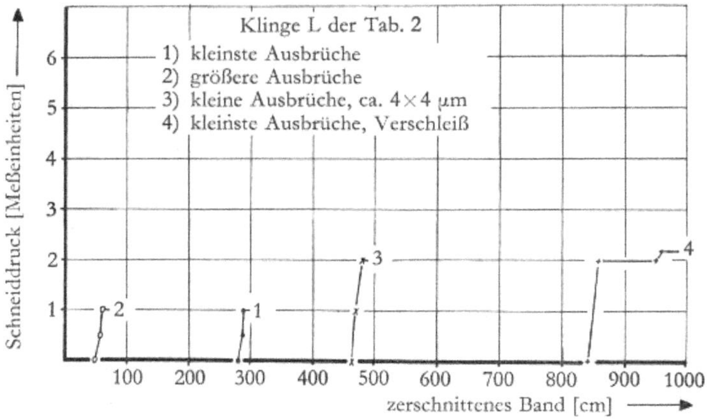

Abb. 38 Abstumpfung einer Rasierklinge Sorte L der Tab. 2 auf der Prüfmaschine entsprechend Abb. 30

Wie die Klingen nach der Prüfung an den Schneidstellen aussehen, zeigen die Aufnahmen 39–41. Es handelt sich dabei um die Klinge H aus der Tab. 2, geprüft mit einem ungereckten Polyamid-Prüfband von 0,10 mm Dicke. Die Abb. 39 zeigt das Aussehen der Schneidstelle nach dem Zerschneiden von 1 cm Prüfband. Man erkennt deutlich die Ausbrüche. Es handelt sich hier um Ausbrüche, denn nach 1 cm Schnittweg kann man von Verschleiß noch nicht sprechen. Nach einem weiteren Schnittweg von 4 cm, also insgesamt 5 cm, wurde von der gleichen Stelle wie in Aufnahme 39 die Abb. 40 aufgenommen. Hier sieht man die jetzt erweiterten Ausbrüche schon recht deutlich. Die hier auffallenden Zacken der Ausbrüche werden beim Schneiden wieder langsam abgetragen, so daß sich nach insgesamt 15 cm Schnittweg in Abb. 41 wieder eine relativ gerade Schneidkante ergibt.

Setzt man die Schneidversuche weiter fort, so werden die durch Ausbruch und Verschleiß hervorgerufenen Materialabtragungen noch größer. Die Abb. 42 zeigt eine Rasierklinge der Sorte H, bei 6 cm Schnitt mit ungerecktem Polyamidband von 0,10 mm Dicke.

Wie eine Rasierklingenschneide in der Aufsicht aussieht, wenn nach längerem Schnittweg die Ausbrüche eingeebnet sind, zeigt die Abb. 43.

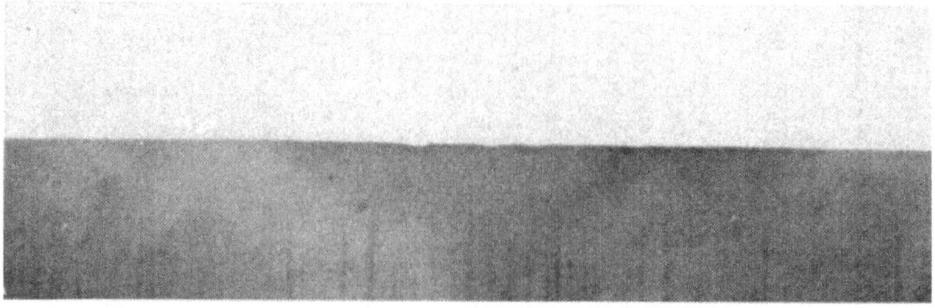

Abb. 39 Ausbruch an einer Rasierklingenschneide
nach 1 cm zerschnittenem Band
150:1

Abb. 40 Erweiterter Ausbruch an einer Rasierklingenschneide von Abb. 39,
nach weiteren 4 cm Schneidweg.
Gesamter Schneidweg 1 + 4 = 5 cm
150:1

Abb. 41 Eingeebneter Ausbruch an einer Rasierklingenschneide von Abb. 39 und 40
nach weiteren 10 cm Schneidweg
Gesamter Schneidweg 1 + 4 + 10 = 15 cm
150:1

Abb. 42 Ausbruch an einer Rasierklinge nach 6 cm Schneidweg
150:1

Links im Bild sieht man die unbenutzte Schneide als feinen weißen Strich, der sich zur Schnittstelle hin langsam verbreitert, dann aber die einmal erreichte Breite beibehält. Das bedeutet, daß die Schneide an der Schnittstelle gleichmäßig bis zu einer bestimmten Tiefe (Verbreiterung) abgetragen wurde.

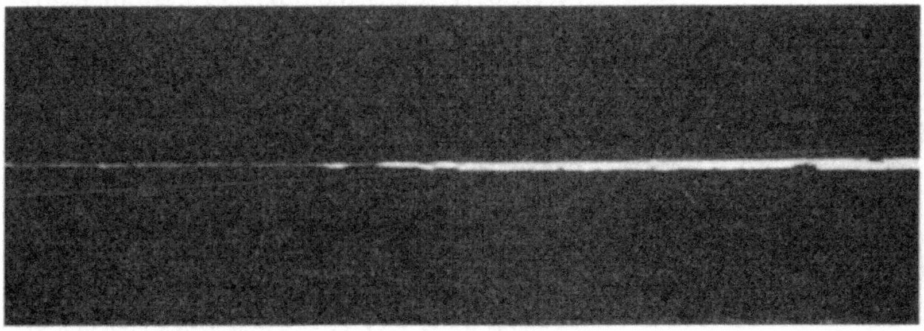

Abb. 43 Aufsicht auf die Schneide einer Rasierklinge an der Schneidstelle (Mitte, rechts) und am nicht beanspruchten Teil (links)
1600:1

Bei einigen Versuchen wurde eine Beeinträchtigung des Ergebnisses durch einen auf der Schneidkante verbliebenen Grat festgestellt. Die Abb. 44 zeigt das Aussehen und die Größe eines solchen noch nach dem Polieren vorhandenen Grates.

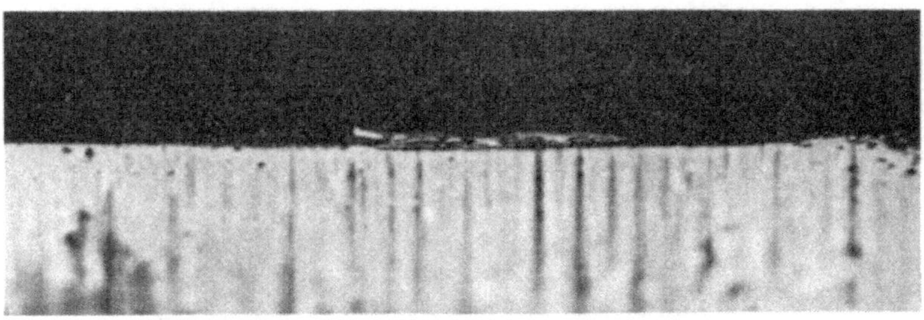

Abb. 44 Rasierklingenschneide mit beim Polieren nicht entferntem Grat
1000:1

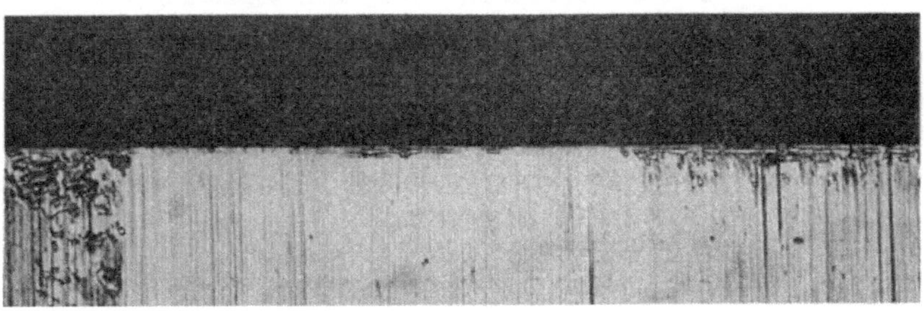

Abb. 45 Gute Rasierklingenschneide nach der Schneidprüfung
200:1

Zum Schluß soll noch eine Klinge der Sorte B aus Tab. 2 gezeigt werden (Abb. 45), da die Klinge nach der Prüfung ein gutes Aussehen mit geringem Verschleiß, jedoch ohne Ausbrüche und Schleifriefen, zeigte.
Daß es sich bei der Abnutzung von Rasierklingenschneiden sowohl bei der Rasur wie auch bei der Prüfung der Schneideigenschaften um das Zusammenwirken von größeren bis kleinsten Ausbrüchen und dem normalen Verschleiß handelt, wird auch durch andere Arbeiten bestätigt. Dabei ist der Verschleiß nicht gleichmäßig. Er beginnt an der weicheren Grundmasse des Werkstoffes, während die härteren Karbide nicht angegriffen werden. Die Karbide werden jedoch durch Abtragen der Grundmasse in ihrer Bindung gelockert und können dann durch die Seitenkomponente der Schnittkräfte ausgebrochen werden. So entstehen die feinsten Ausbrüche. Stroppel [8] untersuchte eine Rasierklinge jeweils immer nach einer Rasur und hielt den Schneidenrückgang nach einem von ihm entwickelten Verfahren fest. An der Stelle »a« in Abb. 46 ist der Ausbruch eines Kornes von 3 bis

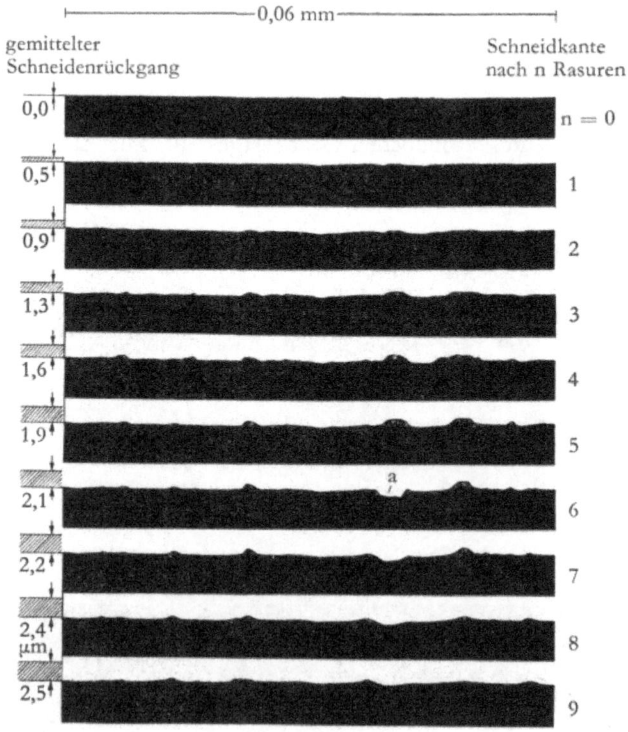

Abb. 46 Kontur und Rückgang einer Rasierklingenschneide (Ausschnitt) im Verlauf von neun Rasuren (nach Stroppel [8])
Bei »a« Ausbruch eines Karbidkornes

4 μm Durchmesser zu erkennen. Vor dieser Bruchstelle sieht man, wie sich das Korn aus der Schneidenkontur langsam hervorhebt, während auf den späteren Aufnahmen ein Einebnen der Ausbruchstelle zu erkennen ist. Den gesamten Schneidenrückgang an den fünf Meßstellen zeigt die Abb. 47, die ebenfalls aus der Arbeit STROPPEL [8] entnommen ist. Um das Verhältnis von Grundmasse und Karbiden zu demonstrieren und um die Größe der Karbide aufzuzeigen, ist in Abb. 48 die Schneide einer stark angeätzten Rasierklinge aufgenommen worden. In ähnlicher Weise, wie die Karbide durch die Ätzung freigestellt werden, kann dies auch durch den Verschleiß geschehen, und dann ist infolge der besseren Angriffsmöglichkeiten ein Ausbrechen der feinen Karbidkörper verständlich.

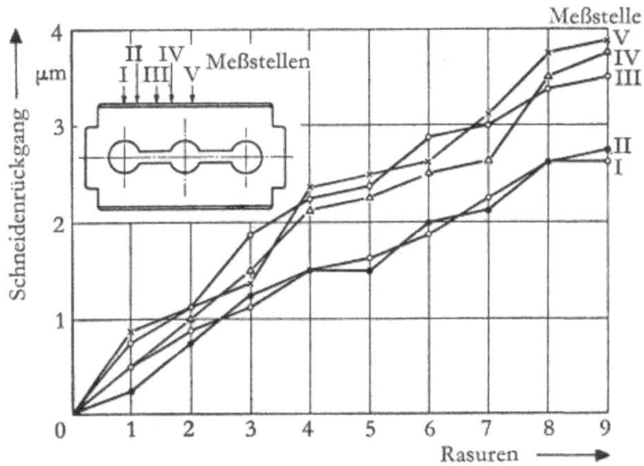

Abb. 47 Schneidenrückgang einer Rasierklinge an fünf Meßstellen im Verlauf von neun Rasuren (nach STROPPEL [8])

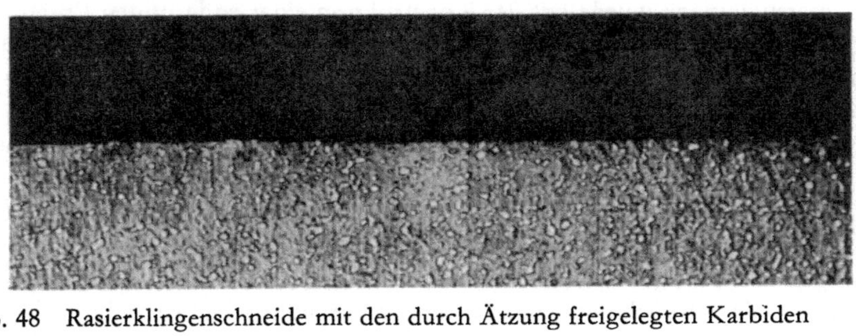

Abb. 48 Rasierklingenschneide mit den durch Ätzung freigelegten Karbiden 750:1

VI. Zusammenfassung und Ausblick

In der vorliegenden Arbeit sollte eine Prüfeinrichtung für feine Schneiden, insbesondere für Rasierklingen entwickelt und untersucht werden. Bevor jedoch Überlegungen über die Art des anzuwendenden Schnittes und des Prüfwerkstoffes angestellt werden konnten, war es notwendig, sich über die Vorgänge bei der Rasur Klarheit zu verschaffen. So wurde die Anzahl der Barthaare pro cm^2 Haut, die Festigkeit der Barthaare im trockenen und im eingeweichten Zustand, das Aussehen der abgeschnittenen Barthaare, das Aussehen der Klingen bei fortschreitender Benutzung sowie der Schnittwinkel ermittelt. Interessant und Voraussetzung für die Entwicklung der Prüfmaschine waren folgende Tatsachen: Es handelt sich bei der Rasur um einen unterbrochenen Druckschnitt, bei dem die Schnittkraft nicht immer senkrecht auf die Schneide einwirkt. Das sieht man an den abgeschnittenen Barthaaren, die gerade, schief oder auch längs getrennt wurden und in größerem Maße noch am Aussehen der Rasierklingenschneide, die schon nach wenigen Schnitten Ausbrüche zeigt. Die Abnutzung der Schneide ist also nicht nur in einem feinen Verschleiß oder Abrieb des Werkstoffes zu suchen, sondern auch in mehr oder minder großen Ausbrüchen. Die Größe der Ausbrüche beginnt bei der Größe eines Karbidkornes und steigt bis zu dem mehr als Hundertfachen dieses Betrages.

Nachdem diese Punkte geklärt waren, konnte man mit einer ersten einfachen Prüfmaschine an die Auswahl eines geeigneten Prüfwerkstoffes herangehen. Bei diesen ersten Schneidversuchen mußte man sich allerdings mit einem kontinuierlichen Schnitt begnügen, da ein unterbrochener Schnitt einen zu großen Aufwand erfordert hätte. Aus der Vielfalt von untersuchten Werkstoffen erwies sich schließlich ungereckte Polyamidfolie als am geeignetsten. Versuche mit gewebten Bändern und gelochter Folie, die im Hinblick auf die Nachahmung des unterbrochenen Schnittes untersucht wurden, brachten keine Erfolge. Bei diesem Stand der Untersuchungen wurde mit der Konstruktion einer endgültigen Prüfeinrichtung begonnen. Vielfältigen Schwierigkeiten bei der Prüfbandführung und der Schnittkraftmessung mußte durch wiederholten Umbau der Maschine begegnet werden. So konnte nur über die wichtigsten Ausführungen und über die endgültige Prüfmaschine berichtet werden. Mit dieser endgültigen Prüfeinrichtung und unter Anwendung entsprechender Kunststoffbänder wurde eine Reihe von Untersuchungen an verschiedenen Klingensorten durchgeführt und die Ergebnisse an Hand von Kurven und Bildern erläutert. Es zeigte sich, daß bei der Einhaltung gewisser Mindestwerte in bezug auf Härte und Schleifwinkel gute Prüfergebnisse, die sich auch mit den Erfahrungen der praktischen Erprobung deckten, gefunden wurden. Grundsätzlich ist aber zu sagen, daß eine eindeutige Übereinstimmung zwischen Prüfung und Praxis bei Rasierklingen wegen der bei der Rasur zwangsläufig auftretenden unkontrollierbaren Ausbrüche in vielen Fällen nicht möglich sein wird.

Direktor Dipl.-Ing. Hans Stüdemann
Dipl.-Ing. Rolf Both
Ing. Ernst Lauterjung

VII. Literaturverzeichnis

[1] Honda, K., und K. Takahasi, Journal of the Jron and Steel Institute 116 (1927), S. 357.

[2] Knapp, W., Über Schneidfähigkeit und Schneidhaltigkeit von Messerklingen. Dr.-Ing.-Dissertation, T.H. Aachen 1928.

[3] Kolberg, C., Beitrag zur Prüfung der Schneideigenschaften von Messerklingen aus Kohlenstoffstahl und rostfreiem Stahl. Dr.-Ing.-Dissertation, T.H. Aachen 1933.

[4] Hendrichs, F., Über ein Verfahren zur Prüfung der Schneidfähigkeit von Messerklingen. Maschinenbau 7 (1928), S. 1012.

[5] Stüdemann, H., und W. Müchler, Entwicklung eines Verfahrens zur zahlenmäßigen Bestimmung der Schneideigenschaften von Messerklingen. Forschungsberichte des Wirtschafts- und Verkehrsministeriums Nordrhein-Westfalen, Nr. 177, Westdeutscher Verlag, Köln und Opladen 1956; s. a. Dr.-Ing.-Dissertation von W. Müchler, T.H. Braunschweig 1954.

[6] Klemm, H., Die Vorgänge beim Schneiden mit Messern. Freiberger Forschungshefte B 12, Akademie-Verlag, Berlin 1957.

[7] Bayer, Kunststoffe, 2. Auflage, S. 254–256.

[8] Stroppel, Th., Ein Beitrag zur Erforschung des Schneidvorganges. VDI-Zeitschrift Bd. 97 (1955), Nr. 24, S. 829/830.

FORSCHUNGSBERICHTE DES LANDES NORDRHEIN-WESTFALEN

Herausgegeben im Auftrage des Ministerpräsidenten Dr. Franz Meyers von Staatssekretär Prof. Dr. h. c. Dr.-Ing. E. h. Leo Brandt

EISENVERARBEITENDE INDUSTRIE

HEFT 39
Forschungsgesellschaft Blechverarbeitung e. V., Düsseldorf
Aus den Arbeiten des Instituts für Werkzeugmaschinen an der Technischen Hochschule Hannover
Untersuchungen an prägegemusterten und vorgelochten Blechen
1953. 40 Seiten, 34 Abb. DM 9,50

HEFT 43
Forschungsgesellschaft Blechverarbeitung e. V., Düsseldorf
Forschungsergebnisse über das Beizen von Blechen
1953. 41 Seiten, 38 Abb., 3 Tabellen. Vergriffen

HEFT 51
Verein zur Förderung von Forschungs- und Entwicklungsarbeiten in der Werkzeugindustrie e. V., Remscheid
Untersuchungen an Kreissägeblättern für Holz, Fehler- und Spannungsprüfverfahren
1953. 39 Seiten, 23 Abb. DM 10,—

HEFT 56
Forschungsgesellschaft Blechverarbeitung e. V., Düsseldorf
Untersuchungen über einige Probleme der Behandlung von Blechoberflächen
1953. 41 Seiten, 42 Abb. DM 11,20

HEFT 60
Forschungsgesellschaft Blechverarbeitung e. V., Düsseldorf
Untersuchungen über das Spritzlackieren im elektrostatischen Hochspannungsfeld
1954. 82 Seiten, 53 Abb., 7 Tabellen. Vergriffen

HEFT 61
Verein zur Förderung von Forschungs- und Entwicklungsarbeiten in der Werkzeugindustrie e. V., Remscheid
Schwingungs- und Arbeitsverhalten von Kreissägeblättern für Holz I
1953. 43 Seiten, 31 Abb. DM 11,40

HEFT 65
Fachverband Schneidwarenindustrie, Solingen
Untersuchungen über das elektrolytische Polieren von Tafelmesserklingen aus rostfreiem Stahl
1954. 79 Seiten, zahlreiche Abb., 9 Tabellen. DM 17,35

HEFT 87
Gemeinschaftsausschuß Verzinken, Düsseldorf
Untersuchungen über Güte von Verzinkungen
1954. 56 Seiten, 56 Abb., 3 Tabellen. Vergriffen

HEFT 98
Fachverband Gesenkschmieden, Hagen
Die Arbeitsgenauigkeit beim Gesenkschmieden unter Hämmern
1954. 117 Seiten, 55 Abb., 9 Tabellen. DM 24,75

HEFT 116
Prof. Dr.-Ing. E. Siebel und Dr.-Ing. Helmut Weiss, Stuttgart
Untersuchungen an einigen Problemen des Tiefziehens — I. Teil
1955. 59 Seiten, 50 Abb., 6 Tabellen. DM 14,50

HEFT 117
Dr.-Ing. H. Beißwänger, Stuttgart und Dr.-Ing. S. Schwandt, Trier
Untersuchungen an einigen Problemen des Tiefziehens — II. Teil
1954. 77 Seiten, 34 Abb., 8 Tabellen. DM 17,70

HEFT 150
Prof. Dr.-Ing. Otto Kienzle und Dipl.-Ing. F. Wilhelm Timmerbeil, Hannover
Das Durchziehen enger Kragen an ebenen Fein- und Mittelblechen
1955. 39 Seiten, 20 Abb., 8 Tabellen. DM 11,30

HEFT 177
Dipl.-Ing. Hans Stüdemann, Solingen und Dr.-Ing. W. Müchler, Essen
Entwicklung eines Verfahrens zur zahlenmäßigen Bestimmung der Schneideigenschaften von Messerklingen
1956. 92 Seiten, 68 Abb., 4 Tabellen. DM 22,20

HEFT 224
Dipl.-Ing. Hans Stüdemann und Ing. R. Beu, Forschungsinstitut für die Schneidwarenindustrie an der Fachschule für Metallgestaltung und Metalltechnik, Solingen
Verfahren zur Prüfung der Korrosionsbeständigkeit von Messerklingen aus rostfreiem Stahl
1956. 82 Seiten, 28 Abb. DM 16,90

HEFT 225
Dr.-Ing. Eginhard Barz, Remscheid
Der Spannungszustand von Gattersägeblättern
1956. 63 Seiten, 54 Abb. DM 16,50

HEFT 277
Dr.-Ing. W. Müchler, Forschungsinstitut für Metallgestaltung und Metalltechnik, Solingen
Direktor: Dipl.-Ing. Hans Stüdemann
Untersuchung und zahlenmäßige Bestimmung der Schneideigenschaften von Messern mit besonderer Berücksichtigung rostfreier Messerstähle
1956. 47 Seiten, 27 Abb., 5 Tabellen. DM 13,20

HEFT 283
Prof. Dr. phil. Franz Wever und
Dr.-Ing. Werner Lueg, Max-Planck-Institut für Eisenforschung, Düsseldorf
Warmstauchversuche zur Ermittlung der Formänderungsfestigkeit von Gesenkschmiede-Stählen
1956. 31 Seiten, 19 Abb. DM 9,90

HEFT 285
Prof. Dr.-Ing. Otto Kienzle, Dr.-Ing. Kurt Lange und Dipl.-Ing. Helmut Meinert, Institut für Werkzeugmaschinen und Umformtechnik der Technischen Hochschule Hannover
Einfluß der Oberfläche auf das Verschleißverhalten von Schmiedegesenken
1956. 50 Seiten, 29 Abb., 8 Tabellen. DM 14,60

HEFT 286
Dr.-Ing. Kurt Lange, Dipl.-Ing. Helmut Meinert, unter Mitarbeit von Dr.-Ing. Heinz Arend, Institut für Werkzeugmaschinen und Umformtechnik der Technischen Hochschule Hannover
Verschleißverhalten hartverchromter Schmiedegesenke
1956. 62 Seiten, 53 Abb., 6 Tabellen. DM 17,65

HEFT 321
Prof. Dr. phil. Franz Wever und
Dr. phil. Wolfgang Wepner, Max-Planck-Institut für Eisenforschung, Düsseldorf
Gleichzeitige Bestimmung kleiner Kohlenstoff- und Stickstoffgehalte im α-Eisen durch Dämpfungsmessung
1956. 17 Seiten, 4 Abb., 3 Tabellen. DM 6,80

HEFT 322
Prof. Dr.-Ing. Franz Bollenrath und
Dipl.-Ing. Wilhelm Domke, Aachen
Eigenspannungen in vergüteten, dickwandigen Stahlzylindern nach Oberflächenhärtung mit induktiver Erwärmung
1956. 17 Seiten, 9 Abb., 2 Tabellen. DM 6,90

HEFT 360
Dr.-Ing. Eginhard Barz, Remscheid
Fertigungsverfahren und Spannungsverlauf bei Kreissägeblättern für Holz
1957. 68 Seiten, 40 Abb. DM 17,—

HEFT 367
Dr. rer. nat. Dietrich Horstmann, Max-Planck-Institut für Eisenforschung und Gemeinschaftsausschuß Verzinken, Düsseldorf
Der Angriff eisengesättigter Zinkschmelzen auf kohlenstoff-, schwefel- und phosphorhaltiges Eisen
1957. 42 Seiten, 22 Abb., 6 Tabellen. DM 12,85

HEFT 375
Technischer Überwachungs-Verein e. V., Essen
Wanddickenmessungen mittels radioaktiver Strahlen und Zählrohrgerät
1958. 24 Seiten, 15 Abb. DM 9,55

HEFT 376
Technischer Überwachungs-Verein e. V., Essen
Wasserumlaufprobleme an Hochdruckkesseln
1958. 126 Seiten, 56 Abb., 8 Tabellen. DM 32,60

HEFT 377
Technischer Überwachungs-Verein e. V., Essen
Versuche an Wanderrostkesseln mit befeuchteter Verbrennungsluft
1958. 35 Seiten, 19 Abb., 2 Tabellen. DM 12,20

HEFT 395
Dipl.-Ing. Ludwig Hahn, Clausthal-Zellerfeld
Untersuchungen zur Frage des optimalen Bohrloch- und Patronendurchmessers
1957. 119 Seiten, 49 Abb., 19 Tabellen. DM 31,25

HEFT 445
Dr. Ing. Eginhard Barz, Remscheid
Fertigungs- und Prüfverfahren für Feilen
Vergriffen

HEFT 447
Prof. Dr.-Ing. Franz Bollenrath, Aachen
Dr.-Ing. H. Füllenbach, Seesen und
Dipl.-Ing. J. Schumacher
Entwicklung rationell arbeitender Spritzkabinen
1958. 44 Seiten, 26 Abb. Vergriffen

HEFT 473
Prof. Dr. phil. Franz Wever, Dr.-Ing. Werner Lueg und Dipl.-Ing. Paul Funke jr., Max-Planck-Institut für Eisenforschung, Düsseldorf
Versuche an einer hydraulischen 25-t-Stangenziehbank
1957. 22 Seiten, 11 Abb. DM 8,95

HEFT 557
Dr.-Ing. Hans Schiffers, Dipl.-Ing. Dieter Ammann, Dipl.-Ing. Erich Brugger und Dipl.-Ing. Rudolf Dicke, Gießerei-Institut der Rhein.-Westf. Technischen Hochschule Aachen
Härtbarkeit von Gußeisen mit Lamellen- und Kugelgraphit in Abhängigkeit von Zusammensetzung und Gefüge
1958. 29 Seiten, 24 Abb., 1 Tabelle. DM 11,—

HEFT 630
Prof. Dr. phil. Walter Koch und Dr. techn. Dipl.-Ing. Hanns Malissa, Max-Planck-Institut für Eisenforschung, Düsseldorf
Beiträge zur Spurenanalyse im Reinsteisen
1958. 25 Seiten, 8 Tabellen. DM 7,60

HEFT 639
Prof. Dr.-Ing. habil. Karl Krekeler, Dr.-Ing. Heinz Peukert und Dipl.-Ing. Otto Schwarz, Institut für Kunststoffverarbeitung an der Rhein.-Westf. Technischen Hochschule Aachen
Auswertung der in- und ausländischen Literatur auf dem Gebiete des Metallklebens
1958. 152 Seiten. Vergriffen

HEFT 655
Dr. rer. pol. A. Theodor Wuppermann, Prof. Dr.-Ing. M. Pfender und Reg.-Rat Dipl.-Ing. E. Amedick, im Auftrage des Vereins Deutscher Eisenhüttenleute, Düsseldorf
Untersuchung des Einflusses von Oberflächenfehlern auf die Dauerhaltbarkeit von Kurbelwellen
1958. 48 Seiten, 101 Abb., 4 Tabellen. DM 10,—

HEFT 680
Prof. Dr. phil. Walter Koch, Dr.-Ing. Angelika Schrader, Dr.-Ing. habil. Alfred Krisch und Dipl.-Phys. Helmut Rohde, Max-Planck-Institut für Eisenforschung, Düsseldorf
Änderungen im Gefügeaufbau austenitischer Chrom-Nickel-Stähle bei Zeitstandversuchen von mehrjähriger Dauer
1959. 37 Seiten, 23 Abb., 5 Tabellen. DM 12,20

HEFT 681
Prof. Dr.-Ing. Dr.-Ing. E. h. Hermann Schenk und Dr.-Ing. Werner Wenzel, Institut für Eisenhüttenwesen der Rhein.-Westf. Technischen Hochschule Aachen
Die Reduktion von Eisenerzen im Elektro-Fließbett
1959. 76 Seiten, 20 Abb., 12 Tabellen. DM 19,60

HEFT 693
Prof. Dr.-Ing. Otto Kienzle, Dr.-Ing. Friedrich Wilhelm Timmerbeil und Dr.-Ing. Thomas Jordan, Hannover
Einige Untersuchungen über das Schneiden von Blechen
1959. 55 Seiten, 54 Abb., 3 Tabellen. DM 17,40

HEFT 702
Prof. Dr. phil. Walter Koch und Dipl.-Phys. Dr. rer. nat. Hans Lüdering, Max-Planck-Institut für Eisenforschung, Düsseldorf
Statistische Auswertung von Thomasroheisenproben guter und schlechter Verblasbarkeit
1959. 20 Seiten, 3 Abb., 3 Tabellen. DM 6,50

HEFT 703
Prof. Dr. phil. Walter Koch und Dipl.-Phys. Dr. phil. Heinz Sundermann, Max-Planck-Institut für Eisenforschung, Düsseldorf
Isolierungstechnische Untersuchungen an Thomasroheisen
1959. 28 Seiten, 16 Abb., 1 Tabelle. DM 9,—

HEFT 705
Dr.-Ing. Karl Ernst Mayer, Dr.-Ing. Helmut Knüppel, Ing. Arthur Stumpf, Dortmund-Hörder-Hüttenunion AG., Dortmund, und Prof. Dr. phil. Walter Koch, Max-Planck-Institut für Eisenforschung, Düsseldorf
Wege zur automatischen Überwachung des Thomasverfahrens
1959. 56 Seiten, 20 Abb., 7 Tabellen. DM 14,80

HEFT 714
Prof. Dr.-Ing. Wilhelm Patterson, Gießerei-Institut der Rhein.-Westf. Technischen Hochschule Aachen
Wirkung einer Gasspülung auf den Magnesiumverbrauch bei der Herstellung von Gußeisen mit Kugelgraphit
1959. 44 Seiten, 35 Abb., 14 Tabellen. DM 13,40

HEFT 728
Dr.-Ing. Klaus Spies, Dortmund
Die Zwischenformen beim Gesenkschmieden und ihre Herstellung durch Formwalzen
1959. 113 Seiten, 61 Abb., 2 Tabellen. DM 29,60

HEFT 740
Dr. rer. nat. Dietrich Horstmann, Max-Planck-Institut für Eisenforschung und Gemeinschaftsausschuß Verzinken, Düsseldorf
Einfluß einiger Eisen- und Zinkbegleiter auf Größe und Art des Zinkangriffs auf Eisen
1959. 38 Seiten, 22 Abb., 1 Tabelle. DM 12,60

HEFT 741
Dipl.-Ing. Hans Stüdemann, Dipl.-Ing. Fritz Esselborn und Ing. Hermann Hartmann, Forschungsinstitut an der Fachschule für Metallgestaltung und Metalltechnik, Solingen
Untersuchungen zur Prüfung der Korrosionsbeständigkeit rostbeständiger Besteckbleche aus Chromstahl
1959. 31 Seiten, 30 Abb., 4 Tabellen. DM 10,30

HEFT 742
Dr.-Ing. Eginhard Barz, Verein zur Förderung von Forschungs- und Entwicklungsarbeiten in der Werkzeugindustrie e. V., Remscheid
Schneideigenschaften von schneidenden Zangen und Prüfverfahren
1959. 66 Seiten, 40 Abb., 4 Tabellen. DM 18,40

HEFT 757
Dr.-Ing. Angelika Schrader und
Dr.-Ing. habil. Alfred Krisch, Max-Planck-Institut für Eisenforschung, Düsseldorf
Mikroskopische Beobachtungen von Ausscheidungen in austenitischen und ferritischen Stählen nach dem Kriechversuch
1959. 21 Seiten, 22 Abb., 1 Tabelle. DM 8,60

HEFT 780
Prof. Dr. phil. Franz Wever, Dr.-Ing. Werner Lueg und Dr.-Ing. Paul Funke, Max-Planck-Institut für Eisenforschung, Düsseldorf
Untersuchung von Walzölen und Walzölemulsionen im Kaltwalzversuch
1959. 68 Seiten, 28 Abb., mehr. Tabellen. DM 18,50

HEFT 781
Verein zur Förderung von Forschungs- und Entwicklungsarbeiten in der Werkzeugindustrie e. V., Remscheid
Verformungseinflüsse bei der Feilenherstellung
1959. 65 Seiten, 39 Abb. DM 20,—

HEFT 840
Prof. Dr. phil. Franz Wever,
Dr.-Ing. Hans-Günter Müller und
Dr.-Ing. Paul Funke, Max-Planck-Institut für Eisenforschung, Düsseldorf
Versuchsmäßige und rechnerische Bestimmung von Walzkraft und Drehmoment unter Einwirkung von Bandzugspannungen beim Kaltwalzen von Bandstahl
1960. 36 Seiten, 12 Abb., 3 Tafeln. DM 10,90

HEFT 841
Dr. rer. nat. Hubert Blanck, Max-Planck-Institut für Eisenforschung, Düsseldorf
Untersuchungen zur Kinetik des Martensitzerfalls
1960. 33 Seiten, 11 Abb. DM 10,30

HEFT 848
Dipl.-Ing. Hans-Jochen Stöter, Institut für Werkzeugmaschinen und Umformtechnik der Technischen Hochschule Hannover
Untersuchung des Schmiedevorganges in Hammer und Presse, insbesondere hinsichtlich des Steigens
1960. 133 Seiten, 62 Abb., 8 Tabellen. DM 35,60

HEFT 889
Dr.-Ing. Werner Hufschmidt, Lehrstuhl für Heizung und Lüftung an der Rhein.-Westf. Technischen Hochschule Aachen
Die Eigenschaften von Rippenrohrluftkühlern im Arbeitsbereich der Klimaanlage
1960. 125 Seiten, 37 Abb. DM 33,30

HEFT 890
Dr.-Ing. Heinz Meyer, Institut für Werkzeugmaschinen und Umformtechnik, Technische Hochschule Hannover
Untersuchungen über den Umformvorgang in Waagerecht-Stauchmaschinen
1960. 75 Seiten, 61 Abb., 3 Tabellen. DM 21,90

HEFT 916
Dipl.-Ing. Hans-Joachim Crasemann, Forschungsstelle Blechbearbeitung am Institut für Werkzeugmaschinen und Umformtechnik der Technischen Hochschule Hannover
Direktor: Prof. Dr.-Ing. Dr.-Ing. E. h. Otto Kienzle
Der offene, kreuzende Scherschnitt an Blechen
1960. 138 Seiten, 66 Abb., 10 Tabellen. DM 40,70

HEFT 1000
Dipl.-Ing. Hartmut Tolkien, Institut für Werkzeugmaschinen und Umformtechnik der Technischen Hochschule Hannover
Direktor: Prof. Dr.-Ing. Dr.-Ing. E. h. Otto Kienzle
Schmierwirkungen in Schmiedegesenken
1961. 150 Seiten, 75 Abb., 2 Tabellen, 1 Anhang. DM 44,90

HEFT 1004
Dr.-Ing. Eginhard Barz, Verein zur Förderung von Forschungs- und Entwicklungsarbeiten in der Werkzeugindustrie e. V., Remscheid
Untersuchung von Schraubendrehern und Schraubenverbindungen
1961. 68 Seiten, 26 Abb., 12 Tabellen. DM 22,30

HEFT 1027
Dr.-Ing. Eginhard Barz, Verein zur Förderung von Forschungs- und Entwicklungsarbeiten in der Werkzeugindustrie e. V., Remscheid
Prüfung von Feilen
1961. 57 Seiten, 23 Abb., 7 Tabellen. DM 20,50

HEFT 1028
Dr.-Ing. Siegfried Stendorf, Verein zur Förderung von Forschungs- und Entwicklungsarbeiten in der Werkzeugindustrie e. V., Remscheid
Das Gleitstauchen von Schneidezähnen an Sägen für Holz
1961. 138 Seiten, 85 Abb., 9 Tabellen. DM 47,10

HEFT 1056
Dr.-Ing. Oskar Pawelski und Dr.-Ing. Werner Lueg †, Max-Planck-Institut für Eisenforschung, Düsseldorf
Der Spannungszustand beim Ziehen und Einstoßen von runden Stangen
1962. 106 Seiten, 35 Abb., 10 Tabellen. DM 33,60

HEFT 1089
Direktor Dipl.-Ing. Hans Stüdemann und
Dr.-Ing. Fritz Esselborn, Forschungsinstitut an der Fachschule für Metallgestaltung und Metalltechnik, Solingen
Untersuchungen über den Einfluß der Zusammensetzung und Gefügeausbildung auf das Härtungsverhalten des Stahles X 40 Cr 13
1962. 37 Seiten, 37 Abb., 8 Tabellen. DM 17,—

HEFT 1091
Dipl.-Ing. Kurt Buchmann, Forschungsgesellschaft Blechverarbeitung e. V., Düsseldorf
Beitrag zur Verschleißbeurteilung beim Schneiden von Stahlfeinblechen
1962. 126 Seiten, 77 Abb. DM 71,40

HEFT 1129
Prof. Dr.-Ing. Joseph Mathieu, Forschungsinstitut für Rationalisierung an der Rhein.-Westf. Technischen Hochschule, Aachen, im Auftrage des Fachverbandes Gesenkschmieden im Wirtschaftsverband Stahlverformung, Hagen
Richtwerte für eine Platzkostenrechnung in der Gesenkschmiedeindustrie
1963. 54 Seiten, 7 Tabellen, 52 Seiten tabellarischer Anhang. DM 63,30

HEFT 1140
Direktor Dipl.-Ing. Hans Stüdemann und Dipl.-Ing. Fritz Esselborn, Forschungsinstitut an der Fachschule für Metallgestaltung und Metalltechnik, Solingen
Einflüsse der Prüfbedingungen auf die Ergebnisse von Schneideigenschaftsprüfungen an Messern
1962. 33 Seiten, 24 Abb. DM 14,80

HEFT 1162
Prof. Dr.-Ing. Dr.-Ing. E. h. Otto Kienzle und Dipl.-Ing. Manfred Meyer, im Auftrage der Forschungsgesellschaft Blechverarbeitung e. V., Düsseldorf
Verfahren zur Erzielung glatter Schnittflächen beim vollkantigen Schneiden von Blech
1963. 114 Seiten, 71 Abb., 6 Tabellen. DM 60,40

HEFT 1164
Dr.-Ing. Eginhard Barz u. a., Verein zur Förderung von Forschungs- und Entwicklungsarbeiten in der Werkzeugindustrie e. V., Remscheid
Teil I: Arbeitsverhalten von scheibenförmigen Werkzeugen
Teil II: Schnittversuche von verleimten Holzwerkzeugen
1963. 90 Seiten, 16 Abb., 6 Tabellen. DM 44,80

HEFT 1171
Prof. Dr.-Ing., Dr.-Ing E. h. Otto Kienzle und Dipl.-Ing. Kurt Haverbeck, Hannover, im Auftrage der Forschungsgesellschaft Blechverarbeitung e. V., Düsseldorf
Das Herstellen von Außenborden an Blechteilen zwischen Stempel und Ring
1963. 96 Seiten, 58 Abb. DM 54,50

HEFT 1347
Dr. rer. nat. Dietrich Horstmann, Max-Planck-Institut für Eisenforschung und Gemeinschaftsausschuß Verzinken, Düsseldorf
Allgemeine Gesetzmäßigkeiten des Einflusses von Eisenbegleitern auf die Vorgänge beim Feuerverzinken
1964. 27 Seiten, 17 Abb. 2 Tabellen. DM 16,50

HEFT 1348
Prof. Dr.-Ing. Dr. h. c. Herwart Opitz, Dr.-Ing. Wilfried König und Dipl.-Ing. Wolf-Dieter Neumann, Laboratorium für Werkzeugmaschinen und Betriebslehre der Rhein.-Westf. Technischen Hochschule Aachen
Einfluß verschiedener Schmelzen auf die Zerspanbarkeit von Gesenkschmiedestücken
1964. 99 Seiten, 64 Abb., 12 Tabellen. DM 59,—

HEFT 1349
Dr.-Ing. Tin Ming Wu, Forschungsstelle Gesenkschmieden an der Technischen Hochschule Hannover
Untersuchungen über das Auftragsschweißen von Gesenken für Schmiedestücke aus Stahl
1964. 46 Seiten, 16 Abb., 14 Tabellen. DM 22,80

HEFT 1350
Prof. Dr. phil. Karl Löhberg, Dipl.-Ing. Klaus Röhrig und Dr.-Ing. Peter Sahm, Institut für Gießereikunde der Technischen Universität Berlin
Über die Keimbildung in unlegiertem Kupfer und unlegiertem Eisen
1964. 77 Seiten, 22 Abb., 6 Tabellen. DM 36,—

HEFT 1352
Direktor Dipl.-Ing. Hans Stüdemann und Dr.-Ing. Fritz Esselborn, Forschungsinstitut an der Fachschule für Metallgestaltung und Metalltechnik, Solingen
Die Ergebnisse von Schneideigenschaftsprüfungen an Messern unter Berücksichtigung des Einflusses der geometrischen Form des Messers und des Einflusses der Karbidverteilung und -größe im Werkstoff
1964. 39 Seiten, 48 Abb., 2 Tabellen. DM 21,—

HEFT 1353
Direktor Dipl.-Ing. Hans Stüdemann und Dr.-Ing. Fritz Esselborn, Forschungsinstitut an der Fachschule für Metallgestaltung und Metalltechnik, Solingen
Untersuchungen über den Einfluß unterschiedlicher Herstellungsverfahren auf die Qualität rostbeständiger Messer
1964. 48 Seiten, 53 Abb. DM 22,50

HEFT 1354
Direktor Dipl.-Ing. Hans Stüdemann und Dr.-Ing. Fritz Esselborn, Forschungsinstitut an der Fachschule für Metallgestaltung und Metalltechnik, Solingen
Untersuchungen über den Einfluß der Wärmebehandlung in Zusammenhang mit unterschiedlicher Herstellung auf die Eigenschaften von rostbeständigen Messern
1964. 33 Seiten, 42 Abb. DM 18,—

HEFT 1355
Dr.-Ing. habil. Alfred Krisch, Max-Planck-Institut für Eisenforschung, Düsseldorf
Kriechverhalten, Gefügeänderungen und Risse bei mehrjährigen Zeitstandversuchen
1964. 27 Seiten, 17 Abb., 6 Tabellen. DM 14,80

HEFT 1381
Dr.-Ing. Heinz Meyer-Nolkemper, Forschungsstelle Gesenkschmieden an der Technischen Hochschule Hannover
Im Auftrage des Verbandes Gesenkschmieden im Wirtschaftsverband Stahlverformung, Hagen
Dornen in Waagerecht-Stauchmaschinen
1964. 45 Seiten, 30 Abb., 2 Tabellen. DM 26,50

HEFT 1395
Prof. Dr. rer. techn. Fritz Reutter, Institut für Geometrie und Praktische Mathematik der Rhein.-Westf. Technischen Hochschule Aachen, Dr. rer. nat. Dieter Haupt, Rechenzentrum der Rhein.-Westf. Technischen Hochschule Aachen
Untersuchungen auf dem Gebiet der praktischen Mathematik
1964. 85 Seiten, 6 Abb., 10 Tabellen. DM 53,50

HEFT 1413
Dr. rer. nat. Dietrich Horstmann und Dipl.-Ing. Ulrich Krause, Max-Planck-Institut für Eisenforschung und Gemeinschaftsausschuß Verzinken, Düsseldorf
Einfluß von Oberflächenrauheit und Glühbehandlung auf die Güte verzinkter Bleche
1964. 22 Seiten, 9 Abb., 1 Tabelle. DM 14,—

HEFT 1421
Dr.-Ing. Hermann Füllenbach, Harry Lange, Harry Parthey und Iwan N. Stanski, Forschungsgesellschaft Blechverarbeitung e. V., Düsseldorf
Metallurgische und technologische Untersuchungen an Weichloten
1965. 69 Seiten, 53 Abb., 5 Tabellen. DM 33,—

HEFT 1462
Prof. Dr.-Ing. Dr.-Ing. E. h. Otto Kienzle und Dr.-Ing. Helmut Zabel, Forschungsstelle Gesenkschmieden an der Technischen Hochschule Hannover, im Auftrage des Verbandes Deutscher Gesenkschmieden in Hagen
Zerteilen metallischer Stangen durch Abscheren

HEFT 1486
Dr. rer. nat. Dietrich Horstmann, Max-Planck-Institut für Eisenforschung, Düsseldorf, im Auftrage des Gemeinschaftsausschusses Verzinken, Düsseldorf
Der Einfluß des Blechwerkstoffes und der Verzinkungsbedingungen auf die Eigenschaften verzinkter Bleche und Bänder
1965. 33 Seiten, 14 Abb., 1 Tabelle. DM 18,80

HEFT 1504
Direktor Dipl.-Ing. Hans Stüdemann, Dipl.-Ing. Rolf Both und Ingenieur Ernst Lauterjung, Forschungsinstitut an der Fachschule für Metallgestaltung und Metalltechnik, Solingen
Entwicklung eines Prüfgerätes zur Messung des Schneidverhaltens feiner Messerschneiden, unter besonderer Berücksichtigung der Rasierklingen

HEFT 1534
Prof. Dr. phil. Adolf Rose, Max-Planck-Institut für Eisenforschung, Düsseldorf
Schweißbarkeit und Umwandlungsverhalten der Stähle
In Vorbereitung

HEFT 1564
Prof. Dr.-Ing. Alfred H. Henning†, Prof. Dr.-Ing. habil. Karl Krekeler und Dipl.-Ing. Friedrich Mittrop, Institut für Kunststoffverarbeitung in Industrie und Handwerk an der Rhein.-Westf. Technischen Hochschule Aachen, in Zusammenarbeit mit der Forschungsgesellschaft Blechverarbeitung e. V., Düsseldorf
Entwicklung fertigungsgerechter Herstellungsmöglichkeiten von kombinierten Metallkleb-Schweißverbindungen
In Vorbereitung

Verzeichnisse der Forschungsberichte aus folgenden Gebieten können beim Verlag angefordert werden:
Acetylen/Schweißtechnik – Arbeitswissenschaft – Bau/Steine/Erden – Bergbau – Biologie – Chemie – Eisenverarbeitende Industrie – Elektrotechnik/Optik – Energiewirtschaft – Fahrzeugbau/Gasmotoren – Farbe/Papier/Photographie – Fertigung – Funktechnik/Astronomie – Gaswirtschaft – Holzbearbeitung – Hüttenwesen/Werkstoffkunde – Kunststoffe – Luftfahrt/Flugwissenschaften – Luftreinhaltung – Maschinenbau – Mathematik – Medizin/Pharmakologie/NE-Metalle – Physik – Rationalisierung – Schall/Ultraschall – Schiffahrt – Textiltechnik/Faserforschung/Wäschereiforschung – Turbinen – Verkehr – Wirtschaftswissenschaft.

WESTDEUTSCHER VERLAG · KÖLN UND OPLADEN
567 Opladen/Rhld., Ophovener Straße 1-3

GPSR Compliance

The European Union's (EU) General Product Safety Regulation (GPSR) is a set of rules that requires consumer products to be safe and our obligations to ensure this.

If you have any concerns about our products, you can contact us on ProductSafety@springernature.com

In case Publisher is established outside the EU, the EU authorized representative is:

Springer Nature Customer Service Center GmbH
Europaplatz 3
69115 Heidelberg, Germany

Batch number: 10584556

Printed by Printforce, the Netherlands